폴킹혼의 양자물리학과 신학:

뜻밖의 인연

QUANTUM PHYSICS AND THEOLOGY

by John Polkinghorne

Quantum Physics and Theology: An Unexpected Kinship

폴킹혼의 양자물리학과 신학

뜻밖의 인연

존 폴킹혼
현우식 옮김

동방박사

둘이 동의하지 않고서,

같이 갈 수 있겠느냐?

- 구약성서 아모스서 3장 3절-

차례

제3장 역사의 교훈

제4장 개념적 탐구

제5장 친가족

머리말

책의 제목을 선택해야 하는 결정은 참 어렵습니다. 이 사실을 저는 늘 깨닫고 있습니다. 이 책의 경우, 처음에는 '양자신학(Quantum Theology)'을 생각했지만, 그 생각을 거두어 들였습니다. 양자신학이라는 제목을 선택하면, 마치 다른 학문 분야에서 패러독스를 가지고 노는 방종을 위해 충분한 자격증을 주는 것처럼, 양자과학적 생각이 가지는 독특한 캐릭터를 불러오는 과대광고라고 할지도 모르기 때문이었습니다. 실재(reality)는 우리의 생각 이상으로 신기한 것으로 종종 밝혀집니다. 이 사실을 밝히는 데, 양자이론이 공헌을 한 것은 틀림없습니다. 양자이론의 사례는 상식적 기대를 만물의 측정으로 동일화하는 오류를 경고해 줍니다. 하지만 실재가 가지는 서로 다른 수준에서 만나게 되는 신기함에는 그 수준 특유의 속성이 있습니다. 그래서 물리학과 신학 사이에 쉽게 직접 옮기는 작업은 가능하지 않습니다.

다른 가능한 제목은 '크리스천 사이언스(Christian Science)'였습니다. 그러나 유감스럽게도 미국에서 한 교파를 만든 에디(Mrs Mary Baker Eddy) 여사가 먼저 선점하였습니다. 만약 제가 크리스천 사이언스라는 제목을 사용했다면 이 책을 설명하는 적합한 표제가 되었을 것입니다. 이 책은 조심스럽게 단일한 테마를 다루는 에세이입니다. 너무 흔한 오해에 반대하며, 신학과 과학이 완전히 다르지 않음을 다룹니다. 완전히 다르다는 의견은 확고한 사실에 비해 경솔한 주장입니다.

신학과 과학 사이의 본질적인 차이는 합리적 동기에 근거한 믿음, 질문할 수 없는 권위에 대한 복종에 근거한 믿음, 이 둘 사이의 대조에 있는 것이 아닙니다. 신학과 과학이 각각 관심을 두고 있는 실재의 차원이 가지는 대조적 특성에서 분명한 차이가 있음에도 불구하고, 실재의 본성을 연구하는 과학과 신학의 진리 추구 사이에 중요한 의미의 친가족 관계가 있습니다. 그래서 과학과 신학 사이 그 바탕에 있는 진리 추구의 연결을 주장하는 것은 반평생 이론물리학자로 살아온 저같은 사람에게 강력한 호소력이 있습니다. 제가 과학을 위해 한 일은 아주 작은 부분이라고 생각합니다. 그 후에는 성공회 성직자로 안수를 받았고, 아마추어로서 진지하게 신학을 다루기 시작했습니다. 저는 두 가지 삶 사이에 뚜렷하게 합리적 불연속성이 있다고 분리하지 않습니다. 오히려, 과학과 신학 모두 올바르게 동기 부여된 믿음을 추구하면서 진리를 찾는 데 관심을 가졌으며, 모두 주의깊고 면밀하게 평가되었다고 저는 믿습니다.

과학과 신학은 적이 아니라 벗입니다. 과학과 신학은 이해를 추구하는 공동의 접근방식을 함께 나누어 쓰고 있습니다. 이러한 주장은 과학자이자 동시에 신학자로 분류될 수 있는 사람의 글에서 자주 논의된 것입니다. 과학자이자 신학자의 지적인 형성과정은 저의 경우와 유사한데, 특히 전문적으로 과학을 했고, 지속적으로 이해를 추구하다가 결국 신학으로 향하게 되었다는 점에서 그렇습니다.[1] 이러한 테마는 확실히 제 글의 특징이었습니다. 아마도 가장 명확하게 표현되었던 것은 테리 강연(Terry Lectures)이었는데, 저는 테리 강연에서 무엇보다도 빛의 본성을 이해하기 위한 물리학자의 탐구와 예수 그리스도의 본성을 이해하기 위한 신학자의 탐구 사이에 다섯 가지의 비교점과 유사점을 밝히고자 노력했습니다.[2] (이러한 논증의 틀은 이 책의 제1장 내용 중에 요약되어 있습니다.)

그리스도교의 컨텍스트 속에서 신의 본성을 이해하고자 하는 지난 수세기 동안의 신학적 탐구와 현대 양자물리학 사이에 일어난 일련의 비교과정을 다루면서, 과학과 신학의 관계를 훨씬 더 자세히 언급하고 싶습니다. 과학과 신학을 비교하며, 두 학문을 가장 잘 이해할 수 있는 '비판적 실재론자'(critical realist)의 주장을 옹호하려면, 매우 일반적 종류의 논증보다 구체적 사례에 대한 분석을 주로 수행해야 한다고 생각합니다.

저는 이 책에서 여러 가지의 특징적 방법을 사용할 것입니다. 그 방법 내에서 합리적 탐구를 수행하고 그 결과를 평가할 것입니다. 먼저 물리학에서 나온 사례가 구성하는 논점을 보여주고, 그다음 신학에서 나온 유사한 사례가 구성하는 논점을 보여줄 것입니다. 이렇게 짝을 이룬 각각의 논의를 통해서, 불필요하거나 지나친 세부 설명을 피하고, 생각의 구조를 명료하게 만드는 집약된 방식을 위해 필요한 내용을 말할 것입니다. 물리학에 관련된 내용을 다 모아서 보면, 지난 백여년 동안 이루어진 기초물리학의 사건을 다루는 개요적 설명을 제공받을 수 있을 것입니다. 하지만 독자가 현대물리학에 관심의 초점을 맞추고 있다면, 일반 대중을 위해 현대물리학을 소개하는 여러 훌륭한 책에서 발견할 수 있는 것과는 다른 종류의 설명을 분명히 원할 것입니다. 신학과 관련된 내용을 모두 다 모아서 보면, 수 세기 동안 이루어진 그리스도교 사상의 발전에서 중요한 면을 다루는 개요적 설명을 제공받을 수 있을 것입니다. 하지만 독자가 그리스도교 사상의 발전에 주된 관심을 두고 있다면, 학생을 위한 역사신학의 개론적 교재와는 다른 종류의 자세한 설명을 분명히 원할 것입니다.

제가 가장 기본적 내용으로 제한시키는 목적은 과학과 신학이라는 합리적 구조 사이의 '상동관계'(homology)가 가장 뚜렷하게 드러나도록 하기 위함입니다. 새와 인간은 외면상 매우 달라 보입니다. 그러나 새와 인간의 골격구조가 드러나고 분석될 때, 새의 날개와 인간의 팔이 형태구조학상 서로 관련되어 있다는 것을 알 수 있습니다. 유사논법으로 보면, 골격의 핵심에 도달하는 해부 절차를 통해 과학과 신학 사이에 존재하는 진리 추구의 전략이 가진 기본적 유사성을 드러낼 수 있습니다.

솔직히 고백하면, 이 책을 쓰는 두 번째 목적도 있습니다. 이 책의 분석이 어떤 신학자에게 도움이 되어서, 신학이란 학문이 과학에 대해 가지고 있는 친가족의 관계가 더 분명하게 인정받기를 저는 희망합니다. 그래서 많은 신학자가 더 진지하게 과학을 대할 수 있도록 자신감을 갖게 되기를 희망합니다. 게다가, 이 책의 내용이 저의 동료 과학자에게 도움이 되어서, 많은 과학자가 보여주고 있는 모습보다 더 진지하게 신학의 내용을 수용하기를 희망합니다. 과학계 안에는 '신학적'이란 형용사가 모호하거나 제대로 정형화되지 못한 믿음을 지시하는 경멸적 의미로 종종 사용됩니다. 제가 생각하기에 이러한 사용은 진실과는 아주 먼 것입니다. 저의 동료 과학자 일부가 진리를 추구하는 의도를 이해하지 못하고, 신학적 논리 세계를 가장 훌륭하게 설명하는 합리적 면밀함을 알지 못한다는 사실로 인해 저는 서글픕니다. 무신론을 공공연히 표명하는 저명한 과학계 인사의 글을 읽을 때, 진지한 성서 연구와 신학적 성찰의 지성적 내용을 무시하고 있다는 사실을 저는 발견합니다. 이것은 '아인슈타인은 틀렸다'와 같은 제목의 논문을 보내는 사람이 보여주는 과학적 무지와 다를 바가 없습니다. 만일 과학자가 종교적 믿음을 거부하려면, 먼저 그의 눈을 열고 나서 거부해야 할 것입니다. 그리고 수 세기 동안 신학 분야에서 사려 깊은 탐구가 이루어진 진지한 지성적 노력을 적절히 검토한 후에 거부해야 할 것입니다. 저는 이 부족한 책이 신학적 사고의 풍부함을 적절하게 표현할 수 있는 것처럼 가장하고 싶지 않지만, 신의 무한한 신비에 대해 신학자가 말하는 진정한 취지를 알려주는 것이 저의 소망입니다. 그리고 탐구하는 과학자가 주의해서 봐야 할 귀중한 통찰을 너무 성급히 배제하지 않기를 저는 희망합니다. 어쩌면 이렇게 제공된 전채 요리가 좀 더 풍성한 식사를 위해 누군가 식탁의 자리에 앉도록 용기를 줄 수 있을 것입니다.

감사의 글

이 책의 출판을 위해 준비하는 일을 해주신 SPCK와 예일대학교 출판부의 직원들께 감사드립니다. 특히, 이 원고의 초고를 읽고 유익한 비평을 해주신 킹스톤(Simon Kingston) 선생께 감사드립니다.

이 책은 모든 내용을 매우 세심하게 읽어 주었던 아내 루스(Ruth)의 손길을 거치지 않은 첫 번째 책입니다. 감사와 사랑의 마음을 담아 아내의 영전에 이 책을 바칩니다.

존 폴킹혼

케임브리지 퀸즈 칼리지

제1장

진리 추구

QUANTUM PHYSICS AND THEOLOGY

제1장

진리 추구

어떤 사람이 물리학자이면서 동시에 성직자인 사실에 대해 이상하다고 여기거나 심지어 정직하지 않은 것이라고까지 여기는 일이 종종 있습니다. 그것은 채식주의자이면서 동시에 도살자라는 주장을 기꺼이 받아들이라는 종류의 이상한 놀라움을 유발합니다. 그러나 과학자이면서 동시에 그리스도를 따르는 저에게는 그것이 자연스럽고 조화로운 결합으로 보입니다. 그 기본적인 이유는 간단합니다. 과학과 신학이 모두 다 진리 추구에 관심을 갖고 있기 때문입니다. 과학과 신학은 서로를 반대하기보다는 결국 서로를 보완합니다. 물론 이 두 학문은 다른 차원의 진리에 집중하지만, 추구하는 진리가 존재한다는 공통의 확신을 갖고 있습니다. 과학과 신학에서 추구하는 진리가 결코 완전무결하게 파악될 수는 없을 것입니다. 하지만 비록 절대적 의미에서 '완전한'이라고 말할 수는 없더라도, 지적으로 만족할만한 방식, 즉 '진실성이 있는' 방식으로 접근할 수 있을 것입니다.

어떤 철학적 비판에도 불구하고, 참된 지식의 추구는 과학계 내에서 널리 받아들여지는 목표입니다. 과학자는 물리적 세계에 대한 이해를 할 수 있다고 믿습니다. 그 이해는 정의가 내려진 정제된 영역의 제한 안에서 증명되고, 신뢰할 만하고 설득력을 갖춘 통찰의 내용으로 증명될 것입니다. 핵물질이 쿼크와 글루온으로 이루어져 있다는 구상이 기초물리학에서 최종적 결론으로 여겨질 것 같지는 않습니다. 어쩌면 끈이론가(string theorists)의 생각이 옳다고 증명될 수 있습니다. 최근 쿼크는 기초적 구성요소로 취급되고 있는데, 결국 쿼크는 확장된 다차원 시공간 내에서 더욱 작은 루프가 진동하는 속성을 표명하는 것으로 판명될 것입니다. 쿼크이론은 어떤 미세한 구조에서 물질의 행동에 대해 아주 신뢰할 만한 서술이고, 우리에게 진실성이 있는 설명을 제공합니다.

신학자도 비슷한 열망을 품고 있습니다. 무한한 신의 실재는 유한한 인간 이성의 한계 안에 완전히 제한되는 것을 항상 피할 수 있습니다. 반면, 신학자는 신의 본성이 인간이 이해할 수 있는 방식으로 우리에게 계시된다고 믿습니다. 신의 자기 계시가 자연과 창조자의 관계성에 신뢰할 만한 안내이고 또한 인간의 궁극적인 완성을 위한 신의 의도에 대해 신뢰할 만한 안내라고 그들은 믿습니다. 그리스도인에게 신의 자기 계시는 이스라엘의 역사와 예수 그리스도의 삶, 죽음, 부활에 집중적으로 나타나는데, 그것은 교회 내에서 지속적 성찰과 탐구를 위해 기초가 되는 근원적인 사건이며 성령의 인도하에 신실한 그리스도인의 공동체가 수행해야 할 행위입니다. 계시라는 말은 신자들이 질문하지 않고 신비롭게 받아들여야 하며, 도전할 수 없는 명제라는 문제가 아닙니다. 종교적 믿음을 위한 합리적 동기부여에 필수불가결한 부분을 형성하는 신의 유일하고 대단히 중요한 사건의 기록이 계시입니다.

진리의 탐구에 관한 이 두 가지 주장은 모두 다 우리 시대가 가지는 지성적 기질과 의식적 갈등 가운데서 만들어집니다. 넓은 의미로 포스트모더니즘이라고 불리는 운동이 학문의 여러 분야를 지배하고 있습니다. 포스트모더니즘이 강조하는 것은 인간 지식의 불확실한 기초로 해석되는 취약성입니다. 이 취약성은 경험이 이해될 수 있고 흥미로워지기 전에, 경험을 해석해야 할 필요에 의해 부과하는 불가피한 관점의 특수성에서 나오는 도전을 뜻합니다. 언어의 문화적 컨텍스트에 보편적 담론이 없고 단지 국지적 방언의 소음만 있다는 것을 함의합니다. 의심할 바 없이 보편적으로 타당하다고 인정하는 분명하고 확실한 생각에 기반을 둔 계몽주의의 거창한 모더니즘 프로그램은 백인 남성 서구 사상가의 관점을 부과한 것에 불과하다고 주장되었는데, 마치 그러한 태도가 모든 사람에게 타협의 여지가 없는 법칙인 것처럼 여겨졌습니다. 포스트모더니즘에 의하면, 이러한 모더니즘의 굴레를 벗어 버리면 21세기 사상가가 자유롭게 되어, 사고의 창의적 다원성을 수용할 수 있게 되고, 그로 인하여 어떤 견해도 우선권을 소유하지 않는 대화에 참여할 수 있다는 것입니다.

합리적 담론은 계몽주의 사상가가 인정했던 것보다 더 난해한 문제임을 확실히 인정할 필요가 있습니다. 그러나 실무자의 눈으로 보면, 과학은 절충식의 자유 시장처럼 보이지 않습니다. 이 책은 과학의 특성을 더 구체적으로 서술할 것이지만, 우리는 과학이 실제 어떻게 발전하는지 고려하면서 시작해야 합니다. 더 극단적 포스트모더니스트는 발전이라는 동사 사용에 이의를 제기할 수 있겠지만, DNA의 나선 구조의 개념이나 물질의 쿼크 구조의 개념이 이해의 분명한 발전, 세계에 대한 이해의 지성적 획득을 나타내지 않는다고 가정할 수 있을까요? 이러한 생각은 분자생물학자와 입자물리학자의 보이지 않는 동료가 기발하게 채택한 공상의 개념이 아닙니다. 프랭클린(Rosalind Franklin)이 촬영했던 그 유명한 X선 사진이 공개되고 이해할 수 있게 되자, DNA가 이중 나선이라는 사실은 의심할 바가 없었습니다. 하드론구조(핵물질을 구성하는 입자의 속성 내에서 발견된 패턴) 상의 데이터와 비탄성 산란(특히 관통하는 실험적 조사)의 결과가 수집되고 조사되면, 부분적으로 하전된 구성요소가 양성자와 중성자 안에 있다는 것은 의심할 여지가 없습니다. 물론, 해석은 필요합니다. 예를 들어, 사진의 감광판 상의 표시 같은 원시 데이터는 도저히 나타낼 수가 없어서 직접 그 구조에 관하여 말할 수 있는 것이 없습니다. 그러나 해석의 본연의 자세, 즉 긴 과정 속에서 더 많은 지속적 이해의 능력을 통해 이루어지는 해석의 확인이야말로, 과학자가 그의 이론을 진실성이 있는 특성으로 확신하기에 충분한 것입니다. 실험 데이터의 광범위한 범위에 지속적으로 효력이 있으며 우아하고 경제적인 이해를 산출하는 이론을 발견하기가 얼마나 어려운지는 과학자만이 이해할 수 있을 것입니다. 그러므로 그러한 이해를 하게 될 때, 그것이 얼마나 설득력이 있는지 과학자가 아닌 사람이 이해하기란 어렵습니다. 입자물리학계에서 25년 동안 핵문제를 이해하기 위해 분투했던 사람이 모험적 연구를 할 때에는 (쿼크이론의 표준모델을 만들어 낸 연구를 말함)[3] 이런 설득력 있는 캐릭터가 있었습니다. 때때로 이전 연구의 기대와는 전혀 다른 방향으로 연구자가 진행한 실험 주도적 연구는, 선호하는 패턴의 구성에 탐닉한 것이 아니라 실제 존재하는 자연의 질서에 대해 어렵게 쟁취한 인식이었습니다.

사실, 과학에 대한 정확한 설명은 모더니즘과 포스트모더니즘이라는 극단적인 두 가지의 믿음 사이의 어딘가에 있습니다. 모더니스트는 분명하고 확실한 물리적 사고와 직접적이고 문제없는 접근을 믿지만, 포스트모더니스트는 좋아하는 요리로서의 물리학이라는 개념을 즐깁니다. 이론과 실험이 하나로 얽힌 것은 실험 데이터를 해석하려는 필요에 의해 풀기 어려울 정도로 깊이 연결된 것입니다. 이론과 실험이 하나로 얽혔다는 것은 사실상 과학적 추론에 포함된 피할 수 없는 순환성이 있다는 것을 함의합니다. 이것은 과학의 본질이 단지 의문의 여지가 없는 사실에서 불가피한 연역(deduction)보다 더 난해한 것이고, 동시에 더 합리적으로 신중을 요구하는 것임을 의미합니다. 궁극적으로 과학적 발견의 '논리'에 관해 저술하려는 야심이 잘못된 욕망임을 증명해 주는 지성적 대담성이 필요합니다[4].

하지만 축적된 과학적 이해의 발전에 관한 역사적 사실이 순환은 악순환이 아니라 선순환임을 함의합니다. 과학의 특성과 과학의 업적을 평가해보면, 포스트모더니즘의 색조를 띠게 될 필요성이 충분히 있습니다. 포스트모더니즘을 통해 이론과 실험을 묶는 일에 어느 정도 합리적 불안정성이 포함되어 있음을 인식할 수 있습니다. 하지만 과학의 실제적 성공을 위해 정당한 일을 할 수 있도록 해주는 지적 성취를 위하여, 모더니즘의 색조를 띠게 될 필요성도 충분히 있습니다. 모더니즘과 포스트모더니즘 사이를 중재하는 철학적 입장을 '비판적 실재론'(critical realism)이라고 합니다. 여기서 '비판적'이라는 형용사는 문제없는 객관성과의 만남보다 더 포착하기 어려운 무엇이 있다고 인식해야 할 필요성을 인정합니다. 반면, '실재론'이라는 명사는 실제로 이해의 달성가능성을 보여주는 이해의 본질을 의미합니다.[5]

이러한 균형을 유지하는 데 가장 도움이 된 과학철학자는 폴라니(Michael Polanyi)라고 저는 생각합니다. 그는 철학으로 전공을 전환하기 이전에 이미 저명한 물리화학자였기 때문에, 과학을 잘 알고 있었습니다. 독창성이 풍부하게 드러난 저서 『인격적 지식』(Personal Knowledge)의 서문에서, 폴라니는 다음과 같이 쓰고 있습니다.

> 이해란 자의적 행위도 아니고 수동적 경험도 아니지만, 보편적 타당성을 주장하는 책임있는 행위이다. 그러한 인식은 숨겨진 실재와 접촉을 성립한다는 의미에서 진정으로 '객관적'이다. … 인격적 지식은 하나의 지적 참여이고, 본질적으로 모험적이다. 오직 오류가능성을 가질 수 있는 긍정이 이러한 객관적 지식을 전달한다고 말할 수 있다. … 이 책을 통해, 나는 이러한 상황이 선명하게 드러날 수 있도록 노력했다. 나는 알려진 것을 아는 사람의 열정적 헌신이 모든 알기 위한 행위 속으로 들어가는 것임을 보여주었고, 이러한 공동 작용이 결코 불완전함이 아니라, 그의 지식에서 필수적 구

성 요소임을 보여주었다.[6]

이러한 확신이 이 책에 대단히 세밀하게 작용하고 있습니다. 폴라니의 과학적 경험은 다른 과학자가 진정으로 인정할 수 있는 방식으로 이미 활용되고 있습니다. 폴라니는 단지 헌신뿐만이 아니라 무언의 암묵적 기술을 강조합니다. 예를 들어, 이론의 적합성을 평가하는 일과 실험의 타당성을 평가하는 일이 이에 해당됩니다. 실험의 타당성에 대한 평가라는 말은 측정된 것에 대한 주장을 실제로 측정하고, 위조된 부작용이 아님을 측정하는 일을 뜻합니다. 여기서 기술은 전문화된 규약의 규칙을 따르는 것으로 환원될 수 없는 판단 행위를 요구합니다. 폴라니가 종종 반복하는 표현처럼, '우리는 말할 수 있는 것보다 많이 알고 있다'고 말할 수 있기 때문에, 과학의 방법은 테크닉의 매뉴얼을 읽음으로써가 아니라, 진리를 추구하는 공동체의 훈련을 통해서 배워야하는 것입니다. 능숙한 판단을 위한 이러한 역할은 과학적 연구에 암묵적 능력의 발휘를 요구하는 자전거 타기나 와인 판별하기와 같이 다른 사람의 능숙한 활동과 어느 정도의 친가족 관계를 제공합니다. 비록 과학의 주제가 비인격적인 관점에서 물리적 세계를 보는 것이라고 해도, 그 추구하는 것은 결코 단순히 잘 프로그램된 컴퓨터의 작동으로 위임될 수만은 없는 인간의 행위입니다. 경쟁하는 사회 속의 평가와 변화를 위해 발견이라는 인격적 행위가 제공되고, 물리세계에 관해 신뢰할 만한 지식을 획득하려는 보편적 의도가 인격적 판단을 이룹니다. 물리세계와 만남이라는 실제 성격은 조절요소로 남아 있습니다. 이러한 마지막 강조점은 과학의 인격적 지식이 개별적 의견의 허술한 수집 속으로 파편화되는 것을 방지합니다.

수반되는 불가피한 인식의 불확실성에도 불구하고, 우주에 관해 신뢰할 만한 지식을 얻기 위한 과학자의 놀라운 능력을 더 이해하기 쉽게 만들려는 의도에서, 저는 이 논의에 신학적 주석을 추가하고 싶습니다. 이것이 가능한 일임을 반복적으로 증명하는 것은 경험적 사실입니다. 비록 인간의 직접적 만남과 거리가 멀고 일상 생활의 사고방식과 완전히 다른 사고방식을 요구하는 영역에서 발생하는 현상이라 할지라도(양자이론, 우주론), 그것은 경험적 사실입니다. 어떤 경험적 사실은 다윈주의적 진화 과정을 충분히 설명할 수 있다는 주장을 약화시킵니다. 과학의 광범위한 성공은 마치 우리가 그 이유를 더 깊이 묻지 않고 마음껏 누릴 수 있는 행복한 사건처럼 취급하기에는 너무 중요한 문제입니다.

비판적 실재론이 성취한 것이 논리적 보편성의 문제가 될 수 없습니다. 즉 모든 가능한 세계에서 획득할 수 있는 문제가 아닙니다. 오히려, 비판적 실재론이 이룬 것은 우리가 사는 세계와 우리와 같은 종류가 존재하는 특수성에 관해 경험적으로 확인한 양상입니다. 과학적 성공을 성취하는 능력은 인류가 가진 특정한 능력이고, 우리가 거주하는 우주에서 경험한 것입니다. 과학적 발견을 위한 이 놀라운 인간의 능력에 대해 충분히 이해하기 위해서는 궁극적으로 우리의 능력이 우주의 창조주가 준 선물이라는 통찰이 필요하다고 저는 믿습니다. 영향력을 가진 옛 표현에 의하면, 우주의 창조주는 신의 형상대로 인간을 창조하였습니다(창세기 1:26-27). 이러한 선물을 활용하여, 기초물리학에서 일하는 사람은 우주의 깊고 아름다운 질서를 분별할 수 있었습니다. 우주는 마음의 표지(sings of mind)로 채워져 있습니다. 그런 세계의 창조주가 가진 마음(the Mind)이 이런 방식으로 이해된다고 저는 믿습니다. 우주가 신의 창조작이기 때문에 과학이 가능합니다.[7]

이런 점에서, 순환의 필연성을 신학이 모르는 것은 아닙니다. 아우구스티누스(Augustinus)와 안셀무스(Anselmus)는 '믿기 위한 이해'와 함께 '이해하기 위한 믿음'을 강조하였습니다. 진리를 향한 그 어떠한 탐구도 이러한 해석학적 순환의 필연성에서 자유로울 수 없습니다. 해석학의 관점과 실재와의 만남을 연결한다면, 그것은 상호조명과 상호수정의 관계성 안에 결합되어 있습니다. 종교적 통찰은,

마치 의심할 바 없는 명제를 우리에게 전달해 주면서, 단지 도전 없는 외부적 권위에 의해 부과되는 것처럼, 믿고자 하는 주장을 주저 없이 수용하는 데서 나오지 않습니다. 그러나 예를 들어 일반적으로 발생하는 사건은 항상 발생하는 사건이라고 주장하는 자연주의적 역사주의를 전제하는 사례처럼, 단지 비종교적 사고의 규약이 통제하는 논증에 근거하는 것이 종교적 통찰일 수 없습니다. 신학은 과학과 마찬가지로 해석된 경험에서 나온 동기 부여된 믿음에 호소해야 합니다. 물론, 신학의 경우, 경험의 종류와 동기 부여된 믿음의 종류가 자연과학의 경우와 매우 다릅니다. 필요하다면, 본질적으로 비인격적 상황의 동일한 집합에 대한 반복적 조사를 통해, 자연과학은 실험의 비밀 수단의 소유와 문제를 실험하는 능력을 좋아합니다. 이 때문에 과학은 확정적 규모(가령, 주어진 에너지 범위)에 의해서 정의된 물리적 영역을 철저하게 고찰할 수 있고, 물리적 영역에 관한 정확한 지도를 만들 수 있습니다. 이 능력에서 과학적 이해의 축적된 특성이 많이 나오는데, 지식이 선형적 과정 안에서 단조롭게 증가하는 것과 같습니다. 고생물학같은 과학에서 스케일은 통제 가능한 요인이 아니며 중요한 과거 사건이 반복되지 않지만, 그 증거는 매우 오랫동안 접근 가능한 형태로 축적되는데, 필요한 경우 추가적 조사를 위해 직접적 수단이 만들어질 수 있습니다.

대조적으로, 모든 형태의 주관적 경험에서, 즉 미학적 유희, 도덕적 판단의 행위, 사랑하는 사람과의 관계성, 혹은 인간의 한계를 초월한 거룩한 실재라는 신과의 만남에서, 사건은 반복될 수 없는 유일한 것입니다. 사건에 대한 유효한 해석은 궁극적으로 실험 분석보다는 믿음의 수용에 근거합니다. 단순히 시간적으로 순서화된 증가를 필요로 하지 않기 때문에, 여기서 이해의 패턴은 말하자면 선형적이기보다는 다차원적입니다. 현재의 통찰이 모든 면에서 과거의 통찰보다 우월하지는 않습니다. 이 점에서 종교적 경험의 네 가지 구별된 특징은 과학과 신학 사이의 대조를 보여줍니다.

첫째, 신학적 이해의 발전이 과학적 이해의 발전보다 더 복합적 과정이라는 사실입니다. 과학은 축적된 성공을 성취합니다. 과학은 과거로 회귀할 필요가 없이 현재에 접근하면 되는데, 그 결과 현재의 물리학자는 단지 삼백 년 후에 살고 있다는 이유 때문에, 천재 뉴턴(Issac Newton)이 평생 우주에 관해 이해했던 것보다 더 많이 이해하고 있습니다.

그러나 종교에서는 각 세대가 그 세대의 고유한 신학적 통찰을 그 세대의 고유한 방식으로 획득할 뿐만 아니라, 그 세대가 지닌 특별한 통찰을 상실하지 않기 위하여, 지속해서 이전 세대와의 능동적 대화를 할 필요가 있습니다. 특히, 신앙적 전통의 지지자는 유일한 근본

사건과 지속적으로 접촉할 수 있도록 생존해야 합니다. 현대 신학자는 현재의 특정한 시각에 의해서 제공된 기회를 즐기는 동안 이전 세대를 보완하는 통찰에서 기꺼이 배움으로써 왜곡을 바로잡기 위해 노력할 필요가 있습니다. 실재와 인격적으로 깊이 만나는 모든 양상은 이러한 역사적 차원을 진지하게 받아들여야 합니다. 왜냐하면 신학자의 이해의 특성은 단지 누적된 것이 아니라, 과거와 생동하는 관계 속에서 그 평가가 이루어져야 하기 때문입니다.

수세기 전의 음악보다 21세기의 음악이 예정된 우월성을 가지고 있는 것이 아니듯, 4세기나 16세기의 신학자보다 현재 신학자의 생각이 모든 면에서 필연적으로 우월하지는 않습니다. 오늘날 철학적 대화가 플라톤이나 아리스토텔레스의 사상과의 관계 속에서 지속되듯이, 아우구스티누스, 아퀴나스, 칼빈, 루터와 같은 과거의 신학적 위인은 현재의 대화 속에서도 필수적 참여자로 남아 있습니다. 이것은 갈릴레오, 뉴턴, 맥스웰이 과학의 담론에 직접 관련되지 않는 방식과는 다릅니다. 왜냐하면 그토록 위대한 과학개척자의 주요한 통찰이 현재의 교과서 지식 속으로 흡수되기 때문입니다. 과학의 경우, 현대적 판단이면 충분합니다. 그러나 신학의 경우, 통찰을 수용하고 검증하는 공동체는 단지 현재 학술단체가 아니라 수 세기 동안 이어졌던 교회입니다. 그러므로 전통의 역할은 현재의 생각에 대해 일종의 전제를 부과해서 속박하는 것으로서가 아니라, 지속적 중요성을 보유하는 이해의 저장고에 접근하기 위해 반드시 필요한 요소입니다.

둘째, 우주론과 진화생물학과 같은 역사적 과학의 경우, 실험이나 관찰을 통해 물리적 세계를 면밀히 조사할 때 실재와의 만남을 설정하는 주도권은 과학자에게 있습니다. 그렇지만 신이라는 실재의 경우, 진리를 전달하는 데 신이 주도권을 행사할 수 있고, 사실상 모든 종교적 전통은 계시적 드러냄의 경우에 이러한 사건이 발생된다는 믿음을 가지고 있습니다. 성서가 수행한 주요한 역할 중 하나는 신학적으로 근간이 되는 사건을 기록하는 것입니다.[8] 그리스도교인에게 이해의 기본적 자료는 이스라엘의 역사 속에 주어진 계시, 예수 그리스도의 삶과 죽음과 부활에서 주어진 계시에 집중됩니다.

두 번째 요소를 통해 우리의 관심은 신학과 과학의 세 번째 차이로 향하게 됩니다. 과학적 믿음을 갖도록 하는 동기는 주로 사건에서 일어납니다. 원칙적으로 그 사건은 공개적으로 접근가능하고 반복가능한 것입니다. 그 결과로서 당연히 과학은 잘 알려진 결론에 대해 사실상 보편적 수용을 이끌어 내는데 성공합니다. 비록 형식상으로는 근대의 과학이 17세기 유럽이라는 시간과 장소에 속했지만, 현대 과학은 세계 전역으로 확산되었습니다. 일단 과학적 탐구의 영역에 정착되면, 획득한 통찰은 보편적 존중과 인정을 확보합니다. 따라서 유력한 과학 공동체 내에서는 만장일치로 DNA의 나선구조에 대한 믿음과 물질의 쿼크구조에 대한 믿음이 있었습니다.

대조적으로, 종교적 장면은 상당히 분리됩니다. 유대교, 그리스도교, 이슬람교, 힌두교, 불교와 같은 위대한 신앙 전통은 신자의 공동체 내에서 내구적 안정성을 보여줍니다. 이러한 종교는 모두 성스러운 실재와 인간의 영적인 만남을 가르치고 알리도록 주장합니다. 그러나 이러한 만남의 특징에 대한 세부적인 믿음과 관련해서, 그 종교 사이에 복잡한 인지적 불일치가 존재합니다. 이러한 불일치는 단지 종교의 신념을 정의하는 데 관계된 것만이 아니라(가령, 신의 아들로서의 예수를 믿는 그리스도교의 믿음 또는 쿠란(Qur'an)의 절대적 권위를 믿는 무슬림의 믿음), 보편적 형이상학적 이해에까지 확대됩니다(시간: 직선적인 순례자의 길인가, 또는 구원을 추구할 필요가 있는 사람들의 혁명에서 유래하는 윤회인가? 인간 본성: 유일하게 개체적이고 지속하는 속성인가, 또는 윤회적 속성인가?). 이러한 충돌은 동일한 근원적 진리에 대해 다양한 문화적 방식으로 설명될 수 있다는 주장을 능가하는 것 같습니다. 이 책은 그리스도교 신앙의 특정 양상과 그리스도교 신학의 특정 관례를 보여주는 목적을 가지고 있는데, 저는 종교 사이에 일치되지 않는 도전적이고 복잡한 본질을 인정하는 것 그 이상은 할 수가 없습니다. 신앙 간의 문제에 대한 고찰은 신학적 의제로는 점점 더 중요하고 활발한 문제이지만, 이번 기회에는 다루지 않을 것입니다.[9]

네 번째, 신학과 과학의 대조점은 믿음의 포용에서 나오는 결과와 관련이 있습니다. 저는 쿼크와 글루온의 존재를 전적으로 확신합니다. 그러나 그러한 믿음은 연구나 실험실의 지적 만족을 추구하는 것 외에 저의 삶에 의미 있는 방식으로 영향을 주지 못합니다. 대조적으로, 예수 그리스도가 성육신한 신의 아들이라는 믿음은, 그 이해와 관련된 만큼 행동과 관련되어서도 저의 삶의 모든 면에 중요한 영향을 줍니다. 종교적 믿음은 과학적 믿음보다 더 많은 것을 요구합니다. 여기에는 더 큰 희생과 위험이 있다고 할 수 있습니다. 이것은 곧 종교적 믿음이라는 가능성을 향해 접근하는 방식에는 실존적 요인이 중요한 역할을 수행함을 의미합니다. 종교적 믿음의 수용에 영향을 주는 동기 부여에는 분명히 참된 인간성을 판단하는 일이 포함되고 동시에 신앙 공동체의 삶을 고양하는 영향력을 판단하는 일이 포함됩니다. 누구도 이러한 판단이 전혀 모호하지 않고 간단한 사안이라고 가정할 수 없습니다. 신념은 언제나 갈등과 억압의 출처였습니다(물론, 히틀러와 스탈린의 통치 시대에 나타난 바와 같이 무신론적 신념의 경우에 악명이 높습니다). 그러나 신념은 궁핍한 사람을 위한 자비로운 관심의 중심이고 인간을 더욱 번영하게 하는 출처였습니다. 그리스도교의 경우, 십자군과 이단종교재판의 끔찍한 역사가 교육과 의료를 개척한 교회의 기록, 예술과 음악 분야에서 대단한 업적을 성취한 교회의 영감과 지원, 평화와 정의를 위한 많은 그리스도교인의 업적과 긴장 관계에 놓여 있습니다. 분명히 표면상의 종교인이 있었는데, 그들의 삶은 그리스도의 가치를 부인하는 것이었습니다. 그러나 전혀 다른 다수의 그리스도교인이 있었는데, 그들의 삶은 온전함과 탁월한 사랑을 보여주었습니다. 분명히 토르크마다(Torquemada) 같은 종교박해자를 부끄럽게 생각할 필요가 있듯이, 프란시스(St. Francis) 같은 성인에게 감사할 필요가 있습니다.

이러한 네 가지 차이점은 비판적 실재론을 옹호하는 일이 과학보다 신학에서 더욱 난해한 사안임을 함의합니다. 수 세기 동안 신학적 통찰이 보여준 통시적 특성은 매우 설득력 있는 이해의 단조로운 증가를 허용하지 않습니다. 하지만 신학에서 분명히 발전과 개정이 발생합니다. 구체적 내용은 다음 장에서 살펴볼 자료를 통해 밝힐 것입니다. 인간과 무한한 존재와의 모든 만남 속에서 말로 나타낼 수 없는 신비로운 요소를 인정하면서, 신학자는 신의 본성에 관한 자신의 생각을 신의 계시적인 자기 드러냄의 특성에 맞춰 구성하려 합니다. 따라서 신학은 비판적 실재론의 틀에서 진리의 추구를 정당하게 주장할 수 있다고 저는 믿습니다. 더 나아가, 비판적 실재론과 같은 철학적 주장을 지원하는 신학적 논증에 호소할 수 있습니다. 진리의 신은 기만적 존재가 될 수 없으며, 창조의 작업에서나 계시의 사건에서 나타나는 신의 특성에 대한 통찰이 오도되지 않을 것으로 신뢰할 수 있습니다.

따라서, 저는 신학과 과학의 방법이 친가족 관계에 있다고 봅니다. 신학과 과학은 해석된 경험의 적합한 영역 안에서 진리를 추구합니다. 비판적 실재론은 신학과 과학 모두에게 적용할 수 있는 개념입니다. 이는 한 분야의 방법에서 다른 분야의 방법으로 가는 논리적 함의가 있기 때문이 아닙니다. 신학과 과학의 주제의 차이 때문에 매우 단순한 연결은 배제됩니다. 적용이 가능한 이유는 비판적 실재론의 사유에는 진실한 이해를 탐색하려는 신학과 과학 두 가지 형식의 특성을 포괄할 정도로 충분한 깊이가 있기 때문입니다.

이것이 제가 저의 저술에서 논의하는 주제입니다. 이 주제를 다루려면 거대한 보편법칙에 호소하기 보다 실례를 분석하는 것이 필요합니다. 저는 테리 강연(Terry Lectures)에서 물리학과 신학의 중요한 발전 사이에 다섯 가지의 논리적 유사관계(analogy)를 설정했습니다. 그 하나는 양자이론적 통찰의 탐구이고, 다른 하나는 그리스도론적 통찰의 탐구입니다.[10] 이러한 비교를 하면서, 저는 실재와의 만남에서 오는 경이롭지만 반직관적인 특성과 벌이는 두 가지 위대한 투쟁 사이에 존재하는 친가족 관계의 다섯 가지 요점을 구분했습니다. 요약하자면, 이러한 다섯 가지의 논점은 다음과 같습니다.

1 강제적이고 근본적인 개정의 순간

결국 양자이론으로 이어진 물리학 내의 위기는 빛의 본질에 대한 큰 혼란에서 시작되었습니다. 19세기에는 빛이 파동과 같은 속성을 가진 것으로 생각되었습니다. 그러나 20세기가 시작되면서 빛이 입자와 같은 방식으로 운동하는 것으로 다루었던 플랑크(Max Planck)와 아인슈타인(Albert Einstein)의 혁명적 생각의 기초위에서만 이해될 수 있는 현상이 발견되었습니다. 그 현상은 마치 비연속적 묶음의 에너지에 의해 구성된 것 같았습니다. 파동-입자 이중성의 개념은 정말 무의미한 것처럼 보였습니다. 결국, 파동은 퍼져 나가며 진동했고, 반면 입자는 집중되며 탄환같이 움직였습니다. 어떻게 그러한 모순된 속성을 나타낼 수 있을까요? 그럼에도 불구하고, 파동-입자 이중성은 실험에 의해 경험적 사실로 받아들여졌고, 그래서 근본적인 재고가 분명히 요구되었습니다. 많은 지적 투쟁 끝에, 이것은 결국

현대의 양자이론(Quantum Theory)으로 이어졌습니다.[11]

신약성서의 기록자가 예수를 언급할 때, 그들은 팔레스타인 지역에서 한 인간의 삶을 살았던 어떤 인물에 관해 기억을 통해 말하고 있다는 것을 알고 있었습니다. 그러나 부활한 그리스도의 경험에 관하여 말했을 때, 그들은 그리스도에 관해 신의 언어를 사용하도록 인도됨을 발견했습니다. 예를 들면, 유대인이 이스라엘의 유일한 참된 신과 결부시켜 사용하는 사실에도 불구하고, 예수에게 '주님'의 칭호가 반복적으로 주어졌습니다. 유대인이 성서를 읽을 때, 말로 표현할 수 없는 신의 이름을 대신하여 '아도나이(주님)'라는 호칭을 사용했었습니다. 바울도 이스라엘의 신을 지시하고 동시에 예수에게 적용하는 구약성서의 구절을 가져올 수 있었습니다. 예를 들어, 빌립보서 2:10-11과 이사야서 45:23을 비교해 보십시오. 고린도전서 8:6과 신명기 6:4을 비교해 보십시오. 이것이 어떻게 이해될 수 있었을까요? 예수는 십자가에 달렸고, 유대인은 이러한 형태의 형벌을 신의 거부의 표지로 보았습니다. 왜냐하면, 신명기 21:23에 나무에 달린 사람은 저주받은 것으로 선포되기 때문입니다. 빛에 대한 물리학자의 생각과 유사하게 경험과 이해가 신학에서도 상당히 모순되는 것같이 보였습니다.

2 해결하지 못한 혼란의 기간

1900년에서 1925년까지, 물리학자들은 파동-입자 이중성이라는 해결하지 못한 패러독스와 함께 살아야 했습니다. 어려운 상황을 가능한 최대한 호전시키기 위해 닐스 보어(Niels Bohr)와 다른 학자들이 다양한 기법을 고안했지만, 이러한 방편은 웅장하고 새로운 양자 건물을 건설하는 것이 아니라 뉴턴 물리학의 부서진 건물에 헝겊 조각을 급하게 붙인 것에 불과했습니다. 그것은 지식적으로 대단히 복잡했고, 그 당시의 많은 물리학자는 단지 눈을 피해 그러한 근본적 문제에서 자유롭고 덜 어려운 세부 과제를 다루었습니다. 정상과학에서 문제해결은 혁명과학에서 난제와 씨름하는 것보다 종종 더 편안한 추구입니다.

신약성서가 예수에 관해 사용한 인간의 언어와 신의 언어 사이에 긴장이 있었습니다. 그 문제를 해결하기 위해 만들어진 어떠한 조직 신학적 시도도 없는 상태였습니다. 그런 초창기 그리스도교 세대는 그리스도 안에서 신의 행위라고 믿은 새로운 사건으로 인해 매우 감격했던 것으로 보입니다. 그 새로운 사건의 진정성과 힘 때문에, 모든 것에 우선해서 중요한 신학적 설명을 무리하게 시도해야 할 필요 없이, 그들은 스스로를 충분히 지탱할 수 있었습니다. 그러나 신약성서의 기록자가 취한 입장이 분명히 지적으로 안정되지 못했고, 그 문제를 기한 없이 무시할 수 없었습니다.

3 새로운 종합과 이해

물리학의 경우, 1925년에서 1926년 사이에 하이젠베르크(Werner Heisenberg)와 슈뢰딩거(Erwin Schrödinger)의 이론적 발견을 통해 급격한 변화와 새로운 통찰이 시작되었습니다. 내부적으로 모순이 없는 이론이 생성되었는데, 그것은 매우 새롭고 전혀 예상할 수 없는 사고방식을 선택하도록 요구했습니다. 디랙(Paul Dirac)은 양자이론의 수학적 기초가 중첩원리에 있음을 강조했습니다. 중첩원리는 뉴턴 물리학과 상식적으로 절대 서로 혼합될 수 없는 물리적 가능상태가 수학적으로 잘 정의된 방식으로 추가됨으로써 표현되는 양자상태가 존재함을 주장합니다. 예를 들면, 전자는 '여기'와 '저기'의 혼합 상태에서 존재할 수 있습니다. 결합은 모호하고, 그 모습을 표현할 수 없는 양자세계를 반영하며, 또한 확률적 해석을 그 결과로 가져옵니다. 왜냐하면 이러한 가능상태의 50-50의 혼합이 발견되어, 만일 위치에 대한 몇 차례의 측정이 실제 이런 상태에서의 전자 위에서 이루어진다면, 측정의 절반에서는 전자가 '여기'에서 발견될 것이고, 측정의 절반에서는 전자가 '저기'에서 발견될 것임을 의미합니다. 이렇게 직관에 반하는 원리가 단지 양자이론의 신조로 받아들여져야만 했습니다. 파인만(Richard Feynman)은 양자역학에 관한 강의를 시작하면서, 반직관적 양자상태의 인상적 사례로 유명한 이중 슬릿 실험에 관하여 다음과 같이 언급했습니다.

> 원자의 행동은 일상적 경험과는 매우 다르기 때문에, 모두에게 익숙해지기가 매우 어렵고, 모두에게 특이하고 신비롭게 보입니다. … 우리는 가장 이상한 형태의 신비한 행동의 기본적 요소를 곧 다루게 될 것입니다. 우리는 고전적 방식으로는 설명하기가 불가능한, '절대' 불가능한, 현상을 검토하려고 합니다. 그 현상 속에 양자역학의 핵심이 있습니다. 실재 안에 그것이 '유일한' 신비를 포함하고 있습니다. 우리는 그것이 어떻게 행동하는지 '설명함'으로써 그 신비를 사라지게 할 수 없습니다. 우리는 그것이 어떻게 행동하는지 여러분에게 '말할 뿐입니다'.[12]

신약성서에 기록된 근본적 현상을 깊이 이해하고자 노력한 결과, 교회가 신의 본성에 관한 삼위일체의 이해(325년 니케아 공의회와 381년 콘스탄티노플 공의회)와 그리스도의 한 인격 안에 나타난 인성과 신성의 두 본성에 관한 성육신의 이해(451년 칼케돈 공의회)에

도달했습니다. 이것은 그리스도교의 중요한 설명이었지만, 신을 이해하고자 근본적 문제와 씨름하는 신학이 물리적 세계의 이해를 획득하면서 이루어진 과학만큼 성공적이었다고 주장할 수 없었습니다. 과학은 우리 마음대로 질문하고 실험을 할 수 있으나, 신과의 만남은 경외와 예배와 순종을 포함하는 다른 방식으로 일어납니다. 부정의 신학(apophatic theology)이라고 부르는 중요하고도 적격한 신학적 통찰이 있습니다. 이것은 신의 본성이 포함한 신비에 관해 적절하게 말하면서, 인간의 한계와 신의 타자성을 강조하는 신학입니다. 신학적 설명의 가능성에는 제한이 있습니다. 공의회에서 그리스도교의 근본적 통찰을 공식화했던 교회의 교부들이 파인만의 말을 반향하는 것에 꽤 만족할 것이라고 저는 믿습니다.

우리는 그것이 어떻게 행동하는지 '말할 뿐입니다'.

4 미해결 문제와 지속된 씨름

과학에서도 완전한 성공은 어렵습니다. 양자이론은 계산을 하는데 훌륭한 효과가 있었고, 계산의 결과는 실험의 결과와 대단히 놀랄 정도로 일치하는 것으로 증명되었습니다. 하지만 몇 가지의 중요한 해석의 문제가 여전히 불확정적이고 논쟁적인 문제로 남아 있습니다. 이 가운데 가장 주요한 문제는 측정문제(measurement problem)라고 부르는 것입니다. 어떻게 특정한 측정의 경우 '특정한' 결과가 얻어져서, 전자가 '저기'에서가 아니라 이번에 '여기'에서 발견될 수 있을까요? 완전히 합리적인 질문에 대해 매우 만족스럽거나 보편적으로 받아들일 수 있는 대답이 존재하지 않음을 인정해야만 한다는 현실이 물리학자에게는 난처한 일입니다. 양자물리학은 80년 동안 양자물리학의 모든 문제가 해결되지 않았다는 불편한 사실과 더불어 지내야 한다는 것에 만족해야 했습니다. 우리가 충분히 이해할 수 없는 문제가 여전히 존재합니다.

신학도 역시 부분적 수준의 이해에 만족해야 합니다. 예를 들어, 낳음과 발출의 차이로 신의 위격을 분별하려고 시도할 때, 삼위일체의 용어는 때때로 말로 나타낼 수 없는 것을 말하도록 노력하는 일에 결부된 것처럼 보일 수 있습니다. 칼케돈 신조는 그리스도 안에 신성과 인성이 '섞이지 않고, 바뀌지 않고, 나뉘지 않고, 분리되지 않음'을 주장합니다. 이 신조는 그리스도론의 담론이 성서 속에 보존되고 교회 전통 속에서 지속되는 경험에 적합한 것으로 증명되면, 충분히 발전된 그리스도론을 정교화한 것보다 더 만족할 수 있는 명제입니다.

칼케돈 신조가 정통 그리스도교 사상이 포함해야 한다고 믿는 경계를 나타냈지만, 그리스도교 사상이 취해야 하는 정확한 형식을 수립하지 못했습니다. 사실상, 451년 이후 칼케돈 신조의 경계 안팎으로 그리스도론의 논쟁이 수 세기를 거쳐 지속되었습니다.

5 더 깊은 함의

독창적 아이디어가 형성되었을 때 명시적으로 고려하지 않았거나 알지 못하는 현상과 관련해서, 비판적 실재론자의 입장을 위한 설득력 있는 논증은 한 이론에서 어떻게 더 성공적인 설명이 나올 수 있는지를 설명하는 데 있습니다. 그러한 지속적 결과는 사람이 무엇인가를 정말 알고 있으며, 진실 같은 설명을 획득한다는 믿음을 고무시킵니다. 양자물리학의 경우, 이러한 종류의 몇 가지 성공적 사례가 나타났습니다. 그 하나는 원자의 안정성을 설명하는 것입니다(원자들이 낮은 에너지의 충돌에 의해 변경되지 않고 남아있는 것). 그리고 원자의 스펙트럼의 속성에 대해 매우 세밀한 계산이 실험 측정과 일치함이 증명되었습니다. 놀라울 정도로 새로운 예측이 마침내 실험적으로 입증되었습니다. 이러한 것 가운데 가장 뛰어난 하나가 'EPR

효과'라고 부르는 것입니다. 이것은 직관에 반하는 '분리 속의 공존' 인데, 두 개의 양자가 아무리 공간적으로 멀리 분리되었다고 할지라도 서로 연결된 상태를 유지하면서 상호작용한다는 것을 함의합니다. 실제로, 양자들은 단일 시스템을 유지합니다. 왜냐하면 '여기'에 작용하는 양자의 행동이 멀리 떨어져 있는 파트너 양자에게 직접 효과를 줄 수 있기 때문입니다.

성육신 신앙은 어느 정도 유사한 수준의 새로운 통찰을 신학에게 제공합니다. 예를 들면, 신학자 몰트만(Jürgen Moltmann)은 그리스도의 십자가를 통하여 피조물이 겪는 고통에 신이 참여한다는 개념을 효과적으로 사용했습니다. 몰트만은 그리스도교의 신이 십자가에 달린 신임을 강조했습니다.[13] 그 신은 단지 피조물의 고통을 동정하는 관객이 아니라, 창조의 고통을 함께 나누는 동지입니다. 악과 세계의 고통이라는 가장 어려운 신학적 문제와 씨름할 때, 고통당하는 신의 개념은 신학에 확실히 도움이 됩니다.

이 책의 목적은 물리적 세계에 관한 과학적 탐구와 신의 본성에 관한 신학적 탐구 사이에서 더 많은 논리적 유사관계를 추구하는 것입니다. 이러한 전략은 과학적 성향을 가진 사람이 더 진지한 신학적 토의를 할 수 있도록 용기를 주고자 하는 희망 속에서 채택되었습니다. 동시에 이 전략은 신학자가 자연스럽게 과학적 사고방식에 적합한 형식의 신학적 탐구를 할 수 있도록 유용한 사례를 제공하고자 하는 희망 속에서 채택되었습니다. 과학적 사고방식이란 제가 '상향식 사고'라고 불러왔던 것인데, 이것은 경험에서 이해의 방향으로 진행되는 추론을 뜻합니다.[14] 저의 다음 절차는 양자물리학과 그리스도교 신학의 유사점을 발견하는 것처럼, 탐색과 개념적 발전 사이에 있는 일련의 유사점을 설정하는 것입니다.

제 2 장

비교 발견법

제2장

비교 발견법

과학이 물리적 실재에 관해 우리에게 가르쳐 주는 교훈 가운데 하나는 물리적 실재의 특성이 매우 놀랍다는 것입니다. 연구 수행의 즐거운 면이 있다면, 다음 실험에서 발견할 수도 있는 예측 불가능한 본성 때문입니다. 이것을 설명하기 위해 '양자이론'을 언급하면 충분할 것 같습니다. 자신의 행위에 대해 주의를 기울여 성찰하는 과학자는 마치 어떤 양상의 합리성을 갖추어야 하는지 확실히 미리 아는 듯이, '그것은 합리적인가?'라는 질문을 본능적으로 하지 않습니다. 뉴턴의 고전적 용어에 의해, 증명된 빛의 본질이 얼마나 '비합리적'인 것인지 우리는 알고 있습니다. 그 대신에 과학자에게 진리를 추구하는 적합한 질문은 다음과 같은 형식을 취합니다. '무엇 때문에 그런 사건이 발생할 수 있다고 생각합니까?' 이러한 형식의 질문은 제기된 주장을 지지하기 위해 동기를 부여하는 경험적 표현을 고수하고 있지만, 동시에 놀랄만한 가능성에 개방된 것입니다. 흔들리지 않는 어떤 신뢰성이라도 가정된 선험적 확실성 위에 놓일 수 없지만, 예측이 개정될 것이라면 그 증거가 요구됩니다. 영(Thomas Young)이 회절 현상에 관해 발견했던 것과 아인슈타인(Albert Einstein)이 광전효과에 관해 말하였던 것을 검토해보면, 파동-입자 이중성의 외관상 패러독스를 진지하게 받아들이지 않을 수 없을 것입니다. 유사논리에 의해 살펴보면, 신약성서의 기록자도 예수 그리스도를 경험하면서 인간과 신의 속성을 모두 경험했던 더 복잡한 사실을 인정해야만 했습니다.

물리학이나 신학은 실재의 놀라운 특성에 관한 사실을 맹목적으로 받아들이는 것만으로는 만족할 수 없습니다. 이 새로운 지식을 더 깊이 있는 이해의 컨텍스트에서 설정하려면, 더 투쟁해야 합니다. 빛의 사례에서 보면, 디랙(Paul Dirac)의 통찰이 양자장이론(quantum field theory)의 발견을 가져왔을 때, 물리학자는 파동-입자 이중성을 보고 편안하게 느끼기 시작했습니다. 왜냐하면 장은 공간과 시간 내에서 퍼지기 때문에, 장은 파동같은 속성을 가지고 있습니다. 장이 양자화되면, 장의 에너지는 입자 같은 행동에 해당하는 묶음 속으로 들어옵니다. 예상치 못했던 이중적 특성을 계속 지니는 특정한 사례를 검사할 수 있게 됨으로써 그 위협적인 패러독스는 사라졌습니다.

비슷한 방식으로, 그리스도교의 사고는 그리스도에게 신의 위상을 인정하는 것으로만 충분한 것이 아니라, 그러한 신의 위상이 이스라엘의 신의 근본적 위상과 어떤 관계가 있는지 밝혀야 합니다. 즉 신학적 탐구는 결국 삼위일체와 성육신의 믿음을 갖도록 교회를 이끄는 여정입니다.

양자이론과 신학 모두 다 새로운 발견이 실제로 이루어지는 방법을 고려하면, 더 깊이 있는 이해를 할 수 있고, 더 깊이 있는 이해가 매우 다른 종류의 주제를 다루는 두 형태의 합리적 탐구 사이에 분별 가능한 논리적 유사관계를 더 많이 추구하는 방법을 제공합니다. 유사성은 경험이 사고에 영향을 주는 방식으로 나타나고, 발견법의 전략은 더욱 충분한 이해를 제공하기 위해 발전하는 방식으로 나타납니다. 이제 네 가지 예시적 비교를 통해서 이 논점을 보여드리고자 합니다.

1 발견의 기법: 경험과 이해

이해의 향상을 위해 경험과 개념적 분석 사이의 절묘하고 창의적인 상호작용이 필요합니다.

A. 이론적 창의성과 실험적 제약

제1장에서 양자물리학의 발전을 추진하는 과정에서 실험이 수행하는 꼭 필요한 역할을 강조했습니다. 이제, 이론가의 입장에서 개념적 탐구의 창의적 역할도 강조하여 그 불균형을 다소나마 시정할 때가 되었습니다. 아인슈타인이 물리학의 근본적 기초가 자유롭게 고안될 수 있어야 한다고 주장했을 때, 그 의미에 관해 다양한 해석이 있을 수 있지만, 물리적 세계에 대해 우리의 지식이 보유한 실재론적 신뢰성을 아인슈타인이 의심하지 않았다고 저는 확신합니다. 물리적 세계의 객관적 존재는 아인슈타인에게 매우 강렬한 확신의 문제였습니다. 그 확신에 위배된다면 지식적으로 달콤한 그 어떤 물리이론의 개념도 아인슈타인은 결코 용납하지 않았을 것입니다. 그가 말하고자 했던 요지는 위대하고 새로운 통찰의 의미와 특징을 포착할 수 있는 이론적 상상력의 창의적 도약이라고 저는 생각합니다. 이러한 창의성의 탁월한 사례는 바로 1915년 11월에 일반상대성의 방정식을 만들었던 아인슈타인 자신의 능력이었습니다. 그 방정식은 중력의 본성에 관해 심사숙고한 지 몇 년 후에 완성되었습니다. 그는 이러한 방정식의 경제성과 우아함이 타당성의 설득력을 높여 준다고 생각했던 것 같습니다. 그 방정식은 언제나 근본적 물리이론이 성공적으로 형성될 때 나타나는 것으로 여겨졌던 오류 없는 수학적 아름다

움의 특징을 가지고 있었던 것입니다. 반면에, 이것이 관측에 위배되는 결과를 곧바로 확인하는 일에서 아인슈타인을 면제하는 것은 아닙니다. 아인슈타인의 말에 의하면, 그의 인생에서 가장 행복했던 날은 그의 새로운 중력이론이 수성의 움직임과 완벽하게 맞았음을 발견했을 때였는데, 수성의 운동은 오랫동안 뉴턴 이론의 예측과 작은 불일치를 보여 온 것으로 알려져 있었습니다.[15]

물리학에서 이론과 실험 사이의 상호작용은 실험 결과의 해석에 관한 간단한 대화보다 더 깊이가 있는 것입니다. 그 상호작용은 변경 불가능한 실험적 발견과 상상력이 풍부한 이론적 탐구 사이에서 진리를 근원적으로 탐구하는 창의성을 포함합니다. 진정으로 빛나는 발견은 유용한 일반화의 발견을 기대하며 많은 특정 사항들을 축적하고 선별하는 베이컨주의자의 예리함과 만족을 훨씬 능가합니다. 마찬가지로, 과학적 발견도 자유로운 수학적 추측을 통해 얻을 수 있는 것을 능가합니다. 아인슈타인이 일반 통일장이론을 구축하기 위해 결과가 없는 상태에서도 계속 노력했다는 사실은 그의 경력의 후반기에 벌어진 다소 슬픈 일이었는데, 아인슈타인이 따라야 했던 연구의 유일한 가이드는 천재적인 수학적 사유에 의지하는 것이었습니다. 과학은 단지 세속적 경험주의에만 의존하거나 무지의 상태에서 이론적 도약에 베푸는 지나친 관용에 의해 발전하지 않습니다. 과학은 증명된 경험과 제안된 해석 사이의 연속적 상호작용이 부과하는 학문적 훈련을 통해 발전합니다.

과학적 발견법의 두 가지 양상 사이에서 균형이 깨어지는 방식은 변화하는 역사적 환경에 따라 달라집니다. 저는 저의 시대에서 주로 실험이 주도했던 입자물리학의 방법에 관하여 말씀드렸습니다. 물론 파인만(Richard Feynman)과 겔만(Murray Gell-Mann) 같은 과학자가 발견한 뛰어난 이론적 통찰이 있었지만, 그러한 이론적 통찰은 실험적 도전에 대한 응전으로서 나온 것이었습니다.

현재 다수의 입자이론가는 끈이론과 M이론을 견고하고 명료하게 만드는 연구에 집중하고 있습니다. M이론은 여전히 파악하기 어려운 끈이론의 일반화를 시도하는 이론입니다. 이 이론은 단순히 점(point)보다 상위차원의 실체(entity)에 의해 수학적으로 공식화할 수 있을 때 성립합니다. 이런 연구의 근본적 기초는 상대론적 양자이론의 수학적 탐구에 있습니다. 상대성이론과 양자이론의 결합이 구성 요소의 단순한 혼합을 능가해 깊이와 풍부한 결실이 있는 종합을 만들어 낸 것으로 알려져 있습니다. 그렇기 때문에, 비록 끈이론을 공식화하는 데 포함되는 어느 정도의 자유로운 창작이 있었음에도 불구하고, 그런 연구를 위해 유익한 일반적 동기가 존재하는 것입니다. 끈이론이 물리적 세계의 구조 내 새로운 차원에 대한 실제적 설명으로 증명될지 아직 명확하지 않습니다. 현재 새로운 실험적 예측과 결과를 연동한 끈이론 연구가 부족합니다. 현재의 실험적 접근을 훨씬 넘어선 영역 속의 본성을 추측하는 인간 능력에 대한 모든 기대에 매우 엄격한 제한이 설정되어야 한다는 것이 역사의 교훈입니다.

B. 아래로부터의 그리스도론과 위로부터의 그리스도론

실험적 도전과 이론적 개념의 탐구 사이에서 변증법적 종합을 통해 이루어지는 과학적 발전의 논리적 유사관계가 신학 내에도 있습니다. 그리스도론의 사고에서 중요한 요소는 나사렛 예수의 삶에 관해 역사적으로 배울 수 있는 것과 초기 그리스도교 교회의 경험에 관해 역사적으로 배울 수 있는 것을 주의 깊게 평가하는 일입니다.[16] 2장의 후반부에서 부활한 그리스도와 만남의 증인이 되었던 초창기 그리스도인의 주장에 초점을 맞출 것입니다. 이 만남은 예수의 십자가 처형 이후 사흘 만에 죽음에서 부활한 후 발생했던 것이었습니다. 그 특성상 역사적으로 유일한 1세기의 사건은 실험의 신학을 위한 경험적 대상입니다. 신학자는 이러한 종류의 논증을 '아래로부터의 그리스도론(Christology from below)'이라고 부릅니다. 이것은 생각의 진행이 사건에서 이해를 향해 가는 상향식 추론이기 때문입니다. 이 책에서 논의가 진전되면, 우리는 상향식 사고의 신학적 전략에 관해 더 많이 다룰 것입니다. 지금은 역사적 예수를 인식하는 것이 과학적 발견 내에서 관찰 주도적인 요소와 논리적 유사관계가 있다는 점을 거론하는 것으로 충분합니다. 그리고 '동기 부여된' 믿음을 통해 진리를 추구하는 신학적 이해의 특성이 있다는 논점을 언급하는 것으로 충분합니다. 여기서 말하는 신학적 이해란 (이성은 필요없다는 식의) 단순한 신앙주의 주장에 기초한 것이 아닙니다.

마치 물리학에서 실험적 도전과 개념적 탐구가 결합되었듯이, 신학에서도 '아래로부터의' 그리스도론 논증과 '위로부터의' 그리스도론 논증이 상호보완되어야 합니다. 상호보완은 그동안 형성된 생각의 개념적 일관성을 평가하면서 이루어집니다. 그리고 자체의 적절한 용어에 근거해서 생각이 분석될 때에 상호보완이 가능합니다. 물리학의 자원은 수학의 방정식입니다. 이와 대조적으로, 신학의 경우에 연구의 도구가 철학의 자원에서 제공될 것입니다. 그러나 모든 수학이 물리적 유용함을 증명하는 것이 아니듯, 신학도 목적을 위해 도움이 된다고 생각하는 철학적 개념과 버려야 하는 철학적 개념을 식별할 자격이 있습니다. 철학적 신학은 고유한 규칙의 시스템을 가지고 있습니다. 철학적 신학이 내재적 특성을 존중하지 않는 사고의 틀을 사용하면 안됩니다. 이것은 마치 양자물리학이 뉴턴 물리학적 사고의 기준을 가지고 제대로 연구할 수 없는 것과 같습니다. 특히, 자연주의적 역사주의가 규정하는 영역 아래에서 역사적 예수에 관한 적절한 판단이 진행될 수 없다고 생각합니다. 자연주의적 역사주의의 기본 전제는 일반적으로 발생하는 것이 언제나 발생한다는 것입니다.[17] 만일 물리적 세계가 때때로 놀라운 것으로 증명된다면, 인간이 알 수 있도록 신이 선택한 신의 본성과 목적의 계시적 방식의 경우도 마찬가지일 수 있습니다. 부정의 신학(apophatic theology)의 경고가 주는 함의에 의하면 신학적 발견이 과학적 발견보다 성공적이지 못하고 불완전한 것으로 증명되는 것 같지만, 적어도 과학과 신학 사이에 어느 정도의 친가족 관계를 볼 수 있습니다.

2 문제의 정의: 비판적 질문

중요한 의미를 가지는 문제에 대한 예리하고 선택적인 집중은 이해의 진전을 이루는 데 필수적인 것입니다.

A. 쿼크이론

과학이 소유할 수 있는 가장 위대한 선물 가운데 하나는 올바른 질문을 할 수 있다는 것입니다. 주제의 발전 과정에서 특정한 시점에 의미가 있는 것과 달성가능한 것을 인지하는 감각이 필요합니다. 쿼크이론의 표준모델 발견은 해결해야 하는 두 가지 주요 문제를 연속적으로 확인하면서 진행되었습니다.

첫 번째는 1950년대 이후 실험물리학자가 발견했던 새로운 '기초' 입자들의 혼란 상태 속에 있는 근원적 질서를 탐색하는 과정에서 나왔습니다. 제2차 세계대전 이전에 하이젠베르크(Heisenberg)가 제안했던 내용은, 양성자와 중성자가 핵 내부에서 매우 유사한 방식으로 행동하기 때문에, 상당히 다른 전기적 속성을 가지고 있음에도 불구하고 어떤 목적을 위해 함께 묶일 수 있고, '핵자'(nucleon)라고 부르는 포괄적 실체의 두 상태로 취급할 수 있다는 것입니다. 전후 핵 물질의 새로운 상태를 발견하는 일이 많아지면서 이러한 노선을 따르는 생각이 크게 강화되고 용기를 갖게 되었습니다. 물리학자들이 집합 내에서 또는 '다중합' 내에서 입자들을 연합하기 시작했는데, 다중합의 원소들은 일정한 정도의 유사성을 가지고 있습니다. 이런 종류의 그룹화가 리군(Lie group)으로 불리는 수학적 구조와 수학적으로 결합할 수 있는 특정 패턴에 대한 대응으로 인식되었을 때, 이러한 전략은 효과가 있는 것으로 보이기 시작했습니다. 부분적 전하를 띤 구성 요소 결합의 결과를 물리학적으로 생각할 수 있는 특정 패턴이 쿼크(quark)입니다. 멋진 제안이 어떤 분류학적 순서를 '동물

원(zoo)' 입자 안으로 어떻게 도입하는가에 대한 질문에 의해 얻어졌습니다. 하지만 이것이 단지 유용한 수학적 속임수일 뿐인지 아니면 쿼크와 같은 종류의 실제 근원적 물리 구조가 존재한다는 표시인지에 대해 두 번째 질문이 제기됩니다.

두 번째 질문에 대해 대답하는 방법은 고에너지의 포물체가 표적 입자를 광각으로 튕겨내는 극단적인 물리적 영역 속의 움직임에 대한 연구로 증명되었습니다. 이러한 만남이 이 표적 입자의 내재적 구조를 투명한 방법으로 탐색하도록 했습니다. 환경의 극단성이 분석의 단순성을 산출합니다. 비탄성 산란을 깊이 연구하면, 표적 입자 내에서 쿼크를 치는 포물체와 정확하게 대응하는 현상을 볼 수 있습니다. 어떠한 단일 쿼크도 실험실에서 고립된 상태로 볼 수 없다는 사실에도 불구하고, 물리학자의 판단으로는 쿼크의 실재성이 확실하게 정립되었습니다. 쿼크에 결부된 보이지 않는 실재의 특성은 '감금(confinement)'이라고 부르는 속성에서 기인합니다. 감금은 쿼크가 구성하는 입자들 내에서 쿼크를 단단하게 묶어서 어떤 충돌도 쿼크를 개별적으로 풀려나게 할 만큼 충분히 강력하지 않음을 의미합니다.

B. 인성과 신성

신학자는 그리스도에 관한 교회의 지식과 경험, 그리고 신의 본성에 관해 수용 가능한 해석을 찾기 위한 탐구에서 적절한 신학적 사고를 관리할 수 있는 질문이 무엇인지 명확히 해야 합니다. 저는 근원적 중요성을 갖는 세 가지의 질문이 있다고 믿습니다.

(i) 정말 예수는 사흘 만에 부활했습니까? 그렇다면 왜 예수는 모든 사람 가운데 유일하게 역사를 초월해서 영광의 영원한 삶을 위해 역사 속에서 죽은 자로부터 살아났습니까?

(ii) 왜 최초의 그리스도인은 인간 예수에 관해 신의 언어를 사용할 수 밖에 없다고 느끼게 되었습니까?

(iii) 부활한 그리스도를 통해 최초의 제자들이 새롭고 전례 없는 방식으로 삶을 변형하는 능력을 받았다는 확증의 근거는 무엇입니까?

기능적 그리스도론 또는 영감적 그리스도론은 예수가 다른 사람에 비해 단지 정도의 차이가 있는 것으로 봅니다. 예수는 다른 사람에 비해 훨씬 더 신과 밀접하게 살았고, 함께 있는 신의 임재의 영향력에 더 개방되어 있었습니다. 예수의 유일무이한 중대 의미는 신과의 완전히 참된 동행에 있습니다. 예수의 역할은 천상의 아버지로서의 신에 관한 통찰을 전달하면서, 인간의 삶이 어떻게 될 수 있을지 그 모범을 제공하는 것으로 인식되었습니다. 이러한 견해를 가지고 있는 사람은 그들이 이해한 바대로 그리스도 운동에 진심으로 깊이 헌신했습니다. 그들은 때때로 진화론자의 용어로 예수를 표현하는데, 예수가 인류의 삶을 위해 새롭게 창발된 가능성의 첫 실현이라고 봅니다. 이것은 과거에 성인과 예언자의 삶에서 부분적으로만 실현되었었던 것들이 더 강화된 사건임을 의미합니다. 이러한 견해에 따르면, 신과 함께하는 수준의 삶은 예수의 시대에서는 그가 유일했지만, 원칙적으로 후에 올 사람들이 이룰 수 있습니다.

이러한 입장은 그리스도론에 관한 세 가지 비판적 질문에 대해 만족스러운 답변을 제공하지 못합니다. 예수의 부활은 예수가 우리보다 더 완전하고 열정적인 사람이었다는 생각이 이해할 수 있는 영역의 외부에 있습니다. 부활은 인류의 다음 단계의 진화에서 기대할 수 있는 표시가 될 수 없었습니다. 하지만 부활은 신의 위대한 특유의 행동의 결과가 확실합니다. 만일 예수가 단지 남다른 영감을 가진 사람이었다면, 그에게 신의 지위에 관한 신성한 언어를 사용한 것은 불행한 오류로 여겨졌을 것입니다. 즉 인간에 불과하지만 탁월한 어떤 사람에 대해 상당히 부적절하게 신성한 언어를 사용한 일로 여겨졌을 것입니다. 초창기 그리스도인은 자신들의 삶의 터에서 새로운 능력의 경험을 증언했습니다. 근본적으로 변형의 삶에 요구되는 것은 변화의 삶에 영향을 주는 신의 은혜의 선물이기 때문에, 삶의 근본적인 변형에는 모델과 격려 이상의 무엇이 필요합니다.

신학자들이 그리스도의 사역이라고 부르는 죄의 용서, 죽음에 대한 승리, 성령의 수여는 그리스도의 본성에 관한 중요한 단서입니다. 예수에 관한 이해가 예수 안에서 온전한 인간성뿐 아니라 온전한 신의 삶 자체까지 볼 수 있을 때, 신약성서 증인의 요구를 적절하게 충족하는 전망을 제공한다고 저는 믿습니다.

3 지평의 확장: 새로운 영역

새로운 경험이 개념적 가능성의 범위를 확장하는 것은 발전을 위해 필요합니다.

A. 상전이

물리학에서는 새로운 영역의 연구에 대한 응답으로 새로운 개념이 종종 나타납니다. 새로운 영역 내에서 예상치 못한 새로운 특성을 보여주는 과정이 발견되는 것입니다. 빛의 파동-입자 이중성이 우리가 다룬 패러다임의 사례였는데, 물리학에서 가장 '보증된' 결과 가운데 하나로 볼 수 있는 것은 1827년에 발견되었던 옴의 법칙(Ohm's law)입니다. 이 법칙이 의미하는 것은 전기 회로에서 전류란 회로의 저항으로 전압을 나눈 결과와 같다는 것입니다. 1911년 네덜란드의 물리학자 카멜링 오네스(Heike Kamerlingh Onnes)가 옴의 법칙이 보편적인 법칙이 아님을 보였을 때, 여러 세대의 학생들이 셀 수 없이 많은 실험을 하여 이 생각이 옳은 것임을 증명했습니다. 어떤 금속물이 매우 낮은 온도까지 차갑게 될 때, 금속물의 전기 저항은 없어지며, 유지된 전기력이 없이도 전류가 순환될 수 있음이 발견되었습니다. 카멜링 오네스는 초전도성을 발견했습니다. 그 업적으로 1913년 노벨상을 수상했는데, 당시에는 누구도 왜 이런 이상한 사건이 발생하는지에 대해 이해하지 못했습니다. 우리는 지금 초전도성이 양자 현상임을 알고 있습니다만, 1911년에는 누구도 이해할 수 없었습니다. 50여년 정도가 지난 후에야 그 효과에 대한 이론적 설명 방법을 발견했습니다.

물론, 물리학의 기본 법칙은 그 정도 낮은 온도에서 변하지 않는 것이지만, 전도성의 영역에서 초전도성의 영역으로 이동할 때, 법칙의 결과는 크게 변했습니다. 금속물이 실제 행동하는 것으로 증명되었는데, 이렇게 다루기 어려운 이상한 방식의 효과에 대해 물리학자는 그 이해의 지평을 넓혔습니다. 이러한 극적인 종류의 전이를 '상전이(phase transition)'라고 합니다. 우리 모두에게 친숙한 상전이 가운데 하나는 물이 끓는 것입니다. 섭씨 100도 이하에서, 물은 액체입니다. 그 이상의 온도에서 물은 기체입니다. 이런 전이가 매일 우리의 삶에서 발생한다는 것을 보지 않았다면, 오히려 그것이 놀랄만한 일입니다. 상변화는 특히 다루기 어려운 현상이지만, 확연히 다른 표면상의 모습이 물리적 법칙의 심오한 근본적 단일성과 모순이 없다는 사실을 보여줍니다.

B. 기적

기적의 질문에 관해 물리학과 다소 유사한 접근이 신학에 필요합니다. 과시하는 천상의 마술사라고 신을 가정하는 것은 신학적으로 의미가 없습니다. 어제는 하지 않는다고 생각했고, 내일은 하지도 않을 일을 하기 위해 오늘 변덕스럽게 신의 능력을 사용한다고 가정하는 것은 신학적으로 의미가 없습니다. 신의 행동에는 틀림없이 심오한 근본적 무모순성이 있지만, 신이 근원적으로 새롭고 예측할 수 없는 것을 결코 행할 수 없다는 말이 아닙니다. 그리스도교의 전통에서 신에게 인격적 언어를 사용합니다. 그것은 우리가 푸른 하늘 너머 높은 곳에 앉아 계신 수염이 있는 노인으로 신을 생각하기 때문이 아닙니다. '힘'이라는 비인격적 언어를 사용하는 것보다 '아버지'로 신을 부르는 유한의 언어를 사용하면서 그 오류를 줄일 수 있기 때문입니다. 신의 무모순성은 중력의 무모순성과 같이 굳게 변하지 않는 규칙성이 아니지만, 신의 무모순성은 가장 정상적인 환경과 맺은 완전히 적합한 연속적 관계성 속에 있습니다. 그 환경이 급격하게 변할 때, 즉 역사가 새로운 상(phase)으로 진입할 때, 신의 섭리에 의해 새로운 현상이 새로운 영역을 동반한다는 것은 논리적으로 가능합니다.

따라서 기적의 문제는 과학적 문제가 확실히 아닙니다. 왜냐하면 과학은 오직 사례가 무엇인지에 한해서 보편적으로 말합니다. 과학은 선례가 없는 환경 속에서 일어나는 선례가 없는 사건의 가능성을 배제할 수 있는 선험적 능력을 전혀 가지고 있지 않습니다. 또한 과학은 환경의 중요한 변화가 발생될 때, 과학의 기준만 가지고 충분히 정의할 수 있다고 주장할 수 없습니다. 오히려, 기적은 '신학적' 문제입니다. 신학적 문제에는 특정한 사건의 근거가 되는 신의 일관성을 식별할 수 있는 방법의 발견이 필요합니다. 신학적 문제는 다른 경우에 관해 유사한 사건이 없다는 사실과 모순 없이 양립가능합니다.

그리스도교는 기적의 문제를 피해갈 수 없습니다. 왜냐하면 예수의 부활이 그리스도교 신앙의 중심에 있기 때문입니다. 그리스도론은 예수 안에서 인간의 삶과 신의 삶이 신의 아들의 성육신 사건에서 유일하게 연합된다는 주장을 평가하는 작업과 관련됩니다. 성육신 사건으로 인해 창조의 역사에 새로운 영역이 실현됩니다. 부활과 인성-신성의 이중성이라는 두 문제는 이 책의 중점적인 신학적 논제입니다. 그 두 문제는 풀기가 어렵게 뒤얽혀 있습니다. 만일 예수가 신의 아들이라면, 그의 삶이 새롭고 선례가 없는 현상을 나타냄이 논리적으로 가능합니다. 심지어 예수가 죽음에서 영원한 영광의 삶으로 올라가는 것도 가능합니다. 여기에서 예수에 관한 주장이 나사로 같은 사람들의 이야기에서 다루어지는 주장과는 매우 다르다는 것을 인지하는 것이 중요합니다. 나사로 같은 사람은 소생했지만 결과적으로 다시 죽었습니다. 그런데 예수는 소생한 것이 아니라 부활한 것입니다. 만일 예수가 부활의 방식으로 죽음에서 살아 났다면, 그에게는 분명히 '유일하게' 중요한 어떤 일이 있었습니다. 다시 말하지만, 실재에 대한 지식을 연구하는 것은 해석학적 순환에 관련될 수밖에 없습니다. 과학에서와 마찬가지로 신학에서도 동기 부여된 믿음을 철저하게 연구함으로써, 악순환이 아니라 선순환으로 여겨질 수 있도록 해석학적 순환을 더 빈틈없이 추구해야 합니다.

기적에 대한 입장은 요한복음서에서 '표적'으로 언급되는 방식에 상응합니다(요한복음서 2:11 등). 사건은 일상적 경험에서 한 번 볼 수 있는 것보다 신성한 실재에 관해 더욱 근원적 시각을 활짝 열어주는 창문입니다. 마치, 초전도성이 금속에서 전자의 행동을 볼 수 있도록 창문을 활짝 열어주는 것과 같습니다. 이것은 옴(Ohm) 교수가 제공했던 발견보다 더 계시적인 드러냄 입니다. 일어나는 계시적인 기적적 사건에 관한 주장은 하나하나 개별적으로 평가해야 할 것입니다. 유일한 사건의 특징을 망라할 수 있는 일반이론이란 있을 수 없습니다. 그러나 선례가 없는 종류의 계시적 드러냄의 가능성에 대해 심사숙고하기를 거부한다면, 그 거부는 종교적 사고의 지평에 임의로 부과한 제한이므로 수용할 수 없는 제한이 될 것입니다.

4 특별한 중요성을 지닌 결정적 사건

기존의 예상과 반대되는 자연의 특정 현상이 근본적으로 새로운 형식의 이해가 옳다고 확증할 수 있습니다.

A. 콤프턴 산란

많은 과학적 통찰은 실험적 연구의 단계적 프로그램에서 생겼고 동반되는 이론적 이해와 연계된 발전에서 생겼습니다. 진보는 종종 점진적이고 일시적이며, 단계적 투쟁입니다. 손에 잡히지 않는 문제를 혼자 해결하는 결정적 실험의 아이디어는 대중적 과학 해설자에게 사랑받는 개념인데, 더 힘든 과정을 지나치게 단순화하고 지나치게 극화합니다. 그럼에도 불구하고, 중요한 문제가 특정 실험 결과의 결론으로 명확하고 되돌릴 수 없는 해결을 얻는 것처럼 보이는 경우가 있습니다. 빛의 본질에 대한 연구의 역사에서, 콤프턴(Arthur Compton)이 물질에 의한 X선 산란을 연구하면서 그런 결정적 순간이 1923년에 왔습니다. 그의 결과는 복사의 입자적 속성에 관해 오래 끌어 오던 의문에 최후의 쿠테타를 일으켰습니다.

X선의 진동수가 물질의 산란에 따라 변화한다는 현상을 콤프턴이 발견했습니다. 그 산란은 물질을 구성하는 원자 내의 전자와 투사된 복사 사이의 상호작용에 의해 유도되었습니다. 파동의 설명에 따르면, 전자는 들어오는 X선의 진동수에 따라 진동할 것이고, 들뜬상태에 의해 전자들은 '동일한 진동수'의 복사를 방출할 것입니다. 고전적 파동이론의 관점은 진동수의 변화를 예상하지 않습니다. 그러나 입자의 설명에는, 광자와 전자 사이의 일종의 '당구공' 충돌이 관련되어 있습니다. 이 충돌에서, 들어 오는 광자는 충돌한 전자에게 에너지의 일부를 잃게 될 것입니다. 플랑크 법칙에 의해, 감소한 에너지는 감소한 진동수와 일치합니다. 이것은 바로 콤프턴이 발견했던 사례처럼, 나가는 산란 복사가 진동의 비율을 감소시킨다는 결과와 같이 성립합니다. 그 결과를 계산하는 것은 간단했고, 결과로 나

온 수식은 실험적 측정과 완벽하게 일치했습니다. 콤프턴의 연구는 입자와 같은 행동의 사례로 결론을 지으며, 남아있던 의문을 완전히 해소했습니다.

B. 부활

그리스도론의 경우 전환점이 되는 결정적 질문은 예수의 부활입니다. 예수는 놀라운 공적 사역을 했습니다. 예수는 군중을 이끌었고, 병자를 고쳐 주었고, 신의 나라의 도래를 선포했습니다. 그런데 마지막 예루살렘 방문에서 모든 것이 무너지고 실패로 끝나는 것처럼 보였습니다. 예수가 나귀를 타고 예루살렘에 입성할 때, 정치적으로 위험한 외침 속에서 환영을 받았습니다.

> 복되다! 다가오는 우리 조상 다윗의 나라여! (마가복음서 11:10)

그리고 종교적으로 문제를 일으킨 성전을 정화하는 행위가 있었습니다(마가복음서 11:15-18). 그 마지막 주간에, 군중의 분위기는 변했고, 백성은 예수에게서 돌아서거나 공개적으로 적대적이 되었습니다. 정치 권력자 빌라도와 종교 권력자 가야바는 위험한 상황을 통제하기 위해 행동했습니다. 예수는 순순히 체포되었고, 유죄 선고를 받고, 십자가형을 받았습니다. 로마제국이 노예와 반역자를 처벌했던 고통스럽고 수치스러운 십자가형의 죽음은 독실한 유대교인에게 신의 거부의 표지로 보였습니다. 왜냐하면 구약성서 신명기(21:23)에는 나무에 달려 죽은 자의 죽음이 신의 저주임을 선포하고 있기 때문입니다. 형장의 어두움 속에서 포기 상태의 외침이 들렸습니다.

> 나의 하나님, 나의 하나님, 어찌하여 나를 버리셨습니까? (마가복음서 15:34; 마태복음서 27:46)

표면상, 예수 생애의 마지막 장면은 처참한 실패였습니다. 그것이 예수의 이야기의 마지막이었다면, 그가 특별한 중요성을 가지고 있다는 모든 주장에 대해 의문이 제기되었을 것입니다. 개인적으로 기록의 유산을 남기지 않은 예수가 역사의 기억에서 사라졌을 가능성이 클 것이라고 저는 믿습니다. 그러나 우리는 모두 예수에 대해 들어보았고, 이후 수 세기 동안 예수는 세계사에서 가장 영향력이 있는 인물 가운데 한 사람으로 증명되었습니다. 예수에 관한 모든 적절한 설명은 이러한 놀라운 사실을 설명할 수 있어야 합니다.

예수의 이야기를 계속할 수 있는 '어떤 중대한 사건'이 일어난 것이 틀림 없습니다. 그것이 무엇이건 간에 그를 따르던 사람에게 생겼던 변화를 설명하기에 충분한 중요성을 가지고 있을 것입니다. 즉 예수가 체포 당할 때에 도망쳤던 겁에 질린 도망자가, 불과 몇 주가 지나, 예루살렘의 권력자를 대면하여, 예수는 신이 선택한 주님이고 메시아라는 확신에 찬 선포를 하는 사람으로 변화된 일(사도행전 2:22-36)을 설명하기에 충분한 그 무엇인가가 있어야 합니다. 저는 단지 예수의 가르침을 계속 긍정하기 위해 새로운 결단과 조용한 회상을 통해 이러한 위대한 변화가 일어날 수 있었다고 생각하지 않습니다. 신약성서의 모든 기록자는 무엇인가 발생했던 그 사건이 바로 예수가 십자가의 죽음에서 사흘 만에 부활한 사건이라고 믿었습니다.

이것은 주저되는 주장입니다. 그것의 진위 여부는 예수의 의미에 관한 질문이 좌우하는 문제입니다. 우리의 주장에 관한 가장 초기의 기록은 바울의 고린도전서에 있습니다.

> 나도 전해 받은 중요한 것을 여러분에게 전해드렸습니다. 그것은 곧, 그리스도께서 성경대로 우리 죄를 위하여 죽으셨다는 것과, 무덤에 묻히셨다는 것과, 성경대로 사흗날에 살아나셨다는 것과, 게바에게 나타나시고 다음에 열두 제자에게 나타나셨다고 하는 것입니다. 그 후에 그리스도께서는 한 번에 오백 명이 넘는 형제자매들에게 나타나셨는데, 그 가운데 더러는 세상을 떠났지만, 대다수는 지금도 살아 있습니다. 다음에 야고보에게 나타나시고, 그 다음에 모든 사도들에게 나타나셨습니다. 그런데 맨 나중에 달이 차지 못하여 난 자와 같은 나에게도 나타나셨습니다.(고린도전

서 15:3-8)

이 기록은 예수의 십자가 처형 후 약 20년에서 25년이 지난 후인 50년대 중반에 작성된 것인데, 낭비된 단어가 전혀 없이 매우 압축된 기록입니다. 부활의 목격자가 강조되어 있는데, 목격자의 대다수가 아직 생존했기 때문에 기록의 시기를 추정할 수 있습니다. 바울 자신이 '나도 전해 받은'이라고 회상한 내용을 언급했을 때, 바울이 다마스쿠스(Damascus)로 가는 길에서 극적인 회심 후에 깨달은 내용을 언급한다는 것이 자연스러운 논리적 함의입니다. 이것이 옳다면, 언급된 사건으로부터 2년에서 3년 내에 있는 최초의 증언으로 평가할 수도 있습니다. 그러한 생각은 언어사용의 세부적인 부분에서 확인될 수 있는데, 베드로 대신 아람어 '게바'를 사용한 것과 사도에 대하여 '열두 제자'를 사용한 것이 그 예입니다. 이것은 초대 교회에서 오래 지속되지 못한 용법이었습니다. 그러나 실제로 부활 출현의 경험이 무엇이었는지 이 부차적 설명으로 명확해질 수 없었습니다. 통찰을 얻기 위해 우리는 복음서로 돌아가야 합니다.

신약성서학자 라이트(N. T. Wright)는 '부활이야기는 지금까지 쓰여진 가장 이상한 이야기 중 하나이다'라고 논평했습니다.[18] 이상한 주제임에도 불구하고, 부활출현의 설명은 매우 사실적인데, 여기에서는 그러한 사건이 목격자에게 불러일으킬 것으로 예상되었던 놀라움과 경이로움에 관한 강조가 거의 없습니다. 부활이야기는 다소 단편적이고, 그리스도와 증인 사이의 세부적인 대화의 기록이 비교적 적습니다. 승리를 축하하는 것이라기보다 수수께끼 같다는 것이 부활이야기의 캐릭터입니다. 제자의 환영과 안심의 즉각적 탄성 대신에, 함께 있는 분을 다시 알아보지 못하는 일이 벌어집니다.[19] 그리고 심지어 예수의 출현 순간 이후에도 이상한 침묵이 남아 있는 것으로 보입니다.

> 제자들 가운데서 아무도 감히 "선생님은 누구십니까?" 하고 묻는 사람이 없었다. 그분이 주님이신 것을 알았기 때문이다. (요한복음서 21:12)

부활이야기는 1세기의 문서 속에서 기대할 수 있는 어떠한 패턴도 따르고 있지 않습니다. 다시 소생하고 죽음에서 일상적인 삶으로 회복된 사람도 아니고(예를 들면, 나사로; 요한복음서 11:44), 빛의 인물을 보는 것으로 묘사한 것도 아닙니다(요한계시록 1:12-26). 다른 복음서의 설명은 그 캐릭터가 뚜렷하게 다릅니다. 본래의 마가복음서는 사전에 예언했던 갈릴리에서 부활출현의 묘사부분이 없고, 16:8에서 끝나는 것임을 현재 우리가 받아들이고 있습니다(마가복음서 14:28; 16:7). 마태복음서에서는 부활한 예수가 예루살렘에서 여인들에게 출현합니다. 그러나 주된 이야기는 갈릴리에서 제자 그룹에게 출현한다는 것입니다(마태복음서 28:16-20). 누가복음서에서는 부활과 관련된 모든 사건이 예루살렘 내부 또는 부근에서 발생하는 것으로 보입니다. 엠마오로 가는 두 제자의 이야기(누가복음서 24:13-32)가 있고, 베드로에게 출현했다는 아주 짧은 언급이 있고(34절), 예루살렘 내에 모여 있는 제자들에게 출현했다는 언급이 있습니다(36-41절). 그러나 사도행전을 기록한 누가복음서의 기록자는(사도행전 1:3) 40일이 넘는 기간 동안의 부활출현에 관하여 증언합니다. 요한복음서에서는 예루살렘에서의 부활출현이 있고(20장), 갈릴리 호수가에서의 부활출현이 있습니다(21장).

사도행전에는 '달이 차지 못하여 난 자와 같은' 바울에게 세 번의 부활출현이 언급되어 있습니다(사도행전 9:3-9; 22:6-11; 26:12-18; 또한 고린도전서 9:1; 갈라디아서 1:15-16). 이 마지막 이야기는 다른 이야기와 다른 것 같습니다. 그 이유는 상당히 뒤에 나왔기 때문이 아니라, 빛과 같은 인물을 보는 특징을 더 많이 가지고 있기 때문입니다. 그럼에도 불구하고, 바울 자신은 부활사건을 일상적이며 시각적 종교경험에서 구분할 수 있는 능력을 가지고 있었던 것 같습니다(고린도후서 12:1-5; 또한 사도행전 18:9). 바울은 이러한 부활출현의 사건을 사도권을 주장하는 근거로 여기고 있었습니다(고린도전서 9:1).

이토록 당황스러운 다양성은 무엇 때문에 발생할까요? 이것은 네 복음서가 예루살렘에서 마지막 주간에 발생했던 사건에 대한 이야기를 전해주었던 유사한 방식과는 매우 다릅니다. 우리는 단순히 예수의 메시지가 죽음을 넘어 계속될 수 있다는 확신을 생생하게 표현하기 위해 다른 공동체에 속한 다른 저자가 구성한 이야기 모음을 대면하고 있는 것일까요? 저는 그렇게 생각하지 않습니다.

여러 가지 고려사항을 통해 저는 부활한 그리스도의 모습에 대한 증언을 더 진지하게 받아들이게 되었습니다. 첫째, 이상하게 주의를 끄는 공통의 주제가 있습니다. 그것은 바로 누구인지를 인지하는 데 어려움이 있었다는 것입니다. 전승의 한 요소는 갈릴리에서 여전히 의심하는 사람이 있었다는 마태복음서의 솔직한 인정에서 가장 눈에 띄게 표현되었습니다(마태복음서 28:17). 이 주제는 다른 이야기 속에서 다른 방식으로 표현되었습니다. 그리고 제가 생각하기로는 일관된 임재가 단지 구성된 이야기 모음에서 뜻밖의 우연의 일치라고 하기에는 너무나 그 가능성이 희박합니다. 오히려, 부활사건은 이런 놀라운 만남이 어떠한 것인지에 관한 실제 역사적 회상이라고 저는 믿습니다. 처음에는 증인과 함께 있던 사람이 부활한 예수임을 깨닫기가 쉽지 않았습니다.

라이트(N. T. Wright)는 이야기가 지니는 의외의 두 가지 특징을 제시하여 주목을 받았습니다. 한 가지 특징은 경험을 해석하기 위해 성서적 테마를 불러일으키는 것에 관한 흥미로운 침묵입니다. 라이트는 이것을 구약성서의 테마가 복음서의 어디에서나 자유롭게 언급되는 방식과 대조되는 '부활이야기 속에 있는 성서의 이상한 침묵'이라고 불렀습니다.[20] 부활출현의 설명에서 성서의 컨텍스트화가 이상하게 사라집니다. 그것은 마치 여기에 너무나 새롭고 예상할 수 없는 일이 신의 활동을 통해서 나타난 것처럼, 그 사건 자체에 비추어 생각해야 합니다. 라이트의 말에 의하면, 복음서의 표현 스타일에서 이러한 변화가 주는 것은 '오케스트라가 침묵에 빠진 후 새로운 선율을 연주하는 솔로 플루트의 느낌'입니다.[21]

라이트의 두번째 논점은 예수를 믿는 사람을 위해 죽음을 초월한 운명에 관한 희망과 예수를 믿는 사람을 연결시켜주는 해설적 이야기가 없음을 강조합니다. 라이트는 신약성서의 어디에나 있는 부활 테마에 관한 논쟁(고린도전서 15장)과는 대조적으로, '그들은 어떤 단계에서도 그리스도인의 미래 희망을 언급하지 않았다'는 것을 명백히 강조합니다.[22] 마치 기록된 내용에 대해 더 넓은 해석의 작업을 하지 않고 복음서가 가공하지 않은 원데이터를 제공하는 것으로 만족하는 것 같습니다.

부활출현을 다루는 복음서의 설명에 관해 독특한 어떤 것이 있는 것 같습니다. 복음서의 설명에는 그 설명이 만들어졌다는 주장에 상응하는 매우 특정한 캐릭터가 있습니다. 복음서의 설명은 예수의 이야기를 약간 더 전달하는 단순한 연결 속에 있는 단지 '동일한 것의 더 많음'은 아닙니다. 테일러(Vincent Taylor)의 제안에 따르면, 다른 복음서 사이에서 발견할 수 있는 까다로운 부분적 변형이 의미하는 것이 있습니다. 곧 직접적 증언의 가치에 대한 강조는 각 그리스도교 공동체가 지역에서 만날 수 있는 증언자의 설명을 유지하려는 선택을 의미했기 때문이었습니다.[23] 이러한 점을 고려하면 할수록, 어떤 사람이 경건한 소설의 수집물을 다루는 것 같지 않습니다. 그 스타일은 조작이라고 예상할 수 있는 것과는 매우 다릅니다. 2세기 외경에서 나타나는 신뢰할 수 없는 시도를 비교해 보면, 추가적 부활이야기를 덧붙이기 위해 강화작업을 하려는 조작과는 다름을 알 수 있습니다.

라이트의 생각에 의하면, 1세기의 저자가 변증이나 설득의 전략으로서 모든 것을 만들었다면 설명의 수집물을 그렇게 이상하게 만들지 않았을 것입니다. '그들은 더 훌륭하게 만들었을 것이다.'[24] 저는 부활출현의 이야기가 예수 부활의 진리에 대한 증거로 매우 진지하게 받아들여질 필요가 있다고 믿습니다.

부활을 가리키는 두 번째 증거도 고려되어야 합니다. 이것은 빈 무덤을 찾는 설명과 관련됩니다. 이 이야기는 네 복음서에서 본질적으로 동일한 용어로 언급되고 있습니다. 다만 여성의 정확한 이름과 여성의 발견이 정확히 얼마나 이른 아침이었는가에 관해 작은 차이가 있습니다. 이 이야기에서는 재차 놀랍게도 승리의 어조가 없습니다. 사실, 무덤이 빈 것에 대한 최초의 반응은 기쁨보다는 두려움의 일종입니다.[25] 그 진정한 의미가 명확해지기 전에는 천사의 해석이 필요했습니다. 복음서는 확실히 부활 사건을 즉시 해결해 주는 증명으로서 그 이야기를 제시하지 않았습니다.

증거를 평가하는 데 가장 첫 번째 질문은 정말 예수가 매장되었던 확인할 수 있는 무덤이 존재하는가에 관한 것입니다. 로마의 일반적 관습에 따르면, 처형된 중죄인은 공동묘지에 안장되었습니다. 물론 이러한 실행에서 예외가 있었음을 보여주는 고고학적인 증거가 있습니다. 아리마대 요셉의 역할에서 예수가 이러한 예외의 하나였음을 믿는 입장이 강화됩니다. 그렇지 않았다면 아리마대 요셉은 최초의 그리스도교 공동체에서 확고한 위상을 전혀 가질 수 없었던 무명의 인물이었을 것입니다. 그리고 아리마대 요셉이 실제로 그렇게 실행한 사실이 없었다면 그에게 이런 영예로운 역할을 부여할 이유가 전혀 없을 것 같습니다.

성장하는 그리스도교 운동과 당시 유대교 사이에는 1세기로 돌아가서 추적할 수 있는 갈등이 곧 전개되었습니다. 무덤이 있었고 그 무덤이 비어있었다는 것이 언제나 공통 근거입니다. 그렇게 되는 이유와 관련해 차이점이 생기는 지점이 있습니다. 그것은 제자의 속임수였는가 아니면 부활이었는가? 어느 것이 더 가능성이 높은 설명인지 저에게는 분명해 보입니다.

바울은 그의 서신에서 빈무덤에 관해 직접 언급하지 않았습니다. 그 서신은 최초의 복음서인 마가복음서의 연대보다 더 앞선 것이었습니다. 고린도전서 15장에서, 바울은 예수가 묻혔다고 언급할 수 있는 기회를 가졌습니다. 그것은 바울이 확인할 수 있는 무덤의 존재를 알고 있었음을 강력히 시사합니다. 또한 1세기의 유대인은 인간의 본질을 바라볼 때 몸에 관해 심신일원론적 생각을 가지고 있었기 때문에, 바울이 의심하지 않고 믿었던 것처럼 유대인이 예수의 살아 있음을 믿었을 것 같지 않습니다. 유대인은 예수의 몸이 무덤에서 부패된 상태로 있다고 믿었을 것입니다. 이러한 연관성에서, 예수를 위한 두 번째의 매장에 대한 제안은 어디에도 전혀 없다는 사실에 주목하면서, 라이트는 보조적인 논점을 제시했습니다.[26] 유대 전통에 따르면, 유골만 남게 될 수 있도록 약 일 년간 무덤에 시신을 둔 후에, 유골은 다른 장소인 납골당에 안치합니다. 그런데 이러한 일이 예수에게 일어나지 않은 것이 명백합니다. 이러한 방식으로 처리해야 할 유골이 전혀 없었기 때문이라고 저는 믿습니다.

그러나 빈 무덤의 이야기를 진지하게 받아들여야 할 가장 강력한 이유는 그 이야기 속에 여성이 중요한 역할을 맡고 있다는 것에 있습니다. 고대의 세계에서 여성의 증언은 신뢰할 수 없는 것으로 간주했고, 법정에서 믿을 수 없는 증언으로 여겼습니다. 만약 그토록 이상한 이야기를 1세기의 어떤 사람이 만들었다면, 틀림없이 주요 증인을 신뢰성을 가진 남성으로 작성해서 그 신뢰성을 높이고자 했을 것입니다. 여성들이 실제로 그렇게 했기 때문에, 그 발견에 대해 명예를 얻었다고 저는 믿습니다. 아마도 '신뢰성이 있는' 남성과 달리, 예수에게 체포의 시간이 다가왔을 때에도 도망가지 않았던 여성에게 그 특권이 주어졌을 것입니다.

따라서 믿음이 상투적인 기대일 수 있다는 반론에도 불구하고, 예수가 죽음에서 부활했다는 주장을 최대한 진지하게 받아들여야 하는 충분한 증거가 있습니다. 이 사례는 두 가지 사항에 의해서 더 강화될 수 있습니다. 첫째, 유대교의 안식일 대신 그리스도교는 예수의 부활의 날을 기념하면서 주일(the Lord's Day)로서의 일요일을 정립한 것입니다. 초창기의 교회는 경건한 유대인이 교인을 이루고 있었으므로, 이것은 정말 강력한 동기를 요구하는 변화였습니다. 둘째, 교회의 증언은 예수가 존경받는 과거의 종교창시자가 아니라 살아 있는 현재의 주님임을 항상 선포하는 사건이었습니다.

이러한 종류의 유일 사건은 콤프턴 산란의 경우처럼 반복가능한 실험 결과에 결부되는 정도의 확실성을 가지고 확인할 수는 없습니다. 그럼에도 불구하고, 부활신앙은 동기를 훌륭하게 제공하는 신앙이고, 개인적으로 설득력이 있음을 저는 발견했습니다. 주장을 평가하는 방법 역시 그 놀라운 사건에서 일관성이 있는 입장을 찾는 방법에 근거할 것입니다. 그것은 예수의 중요성과 신의 목적 안에서 예수의 역할에 대해 더 넓은 범위의 분석을 하면서 추구됩니다. 그러한 분석을 추구하는 것이 그리스도론의 주제이고, 다음 장에서 계속되는 관심사입니다.

제3장

역사의 교훈

제3장

역사의 교훈

쿤(Thomas Kuhn)은 20세기 과학철학자 가운데 가장 영향력을 발휘했던 한 인물입니다. 그는 과학이 어떻게 발전하는지에 관한 유명한 주장을 제안했습니다.[27] 대부분의 경우 과학은 문제를 하나씩 해결하면서 순항하지만(그는 이것을 '정상과학'(normal science)이라고 불렀습니다), 때때로 더 극적인 일이 발생합니다. 과학혁명의 시간, 즉 과학적 '패러다임'(paradigm) (현재는 총체적 견해로 이해되고 있습니다)이 근본적으로 변화하는 급격한 변화의 순간이 있습니다. 그러한 경우에 해당하는 한 사례는 양자이론의 탄생입니다. 양자이론은 뉴턴의 고전적 패러다임이 지니는 총체적 적합성의 믿음을 결론적으로 포기합니다. 명확하고 결정적인 대상으로 여겨지던 물리 세계가 원자 이하의 수준에서는 명확하지 않고 결정적이지 않은 물리 세계로 발견되었습니다. 이에 관해 신학적 유사관계가 있다면 십자가에 달린 메시아와 부활한 주님이라는 급진적인 개념을 동반하는 그리스도교의 탄생일 것입니다. 이것은 궁극적으로 창조주와 피조물 사이의 관계성과 신의 본질에 대한 성육신적 패러다임과 삼위일체적 패러다임으로 연결됩니다.

새로운 구상을 향한 열정 속에서 쿤은 패러다임의 변화가 포함하는 불연속성의 정도를 크게 과장하는 경향을 보였습니다. 그는 뉴턴을 따르는 이론가와 양자이론가가 정말로 서로 이야기를 할 수 없는 상이한 이론 세계 안에 살고 있다고 가정했습니다. 그러나 사실은 측정이 이루어지는 방식을 이해하고, 새로운 물리학이 옛 패러다임 아래에서 이루어진 실제적 성공을 이해하기 위해 노력하면서, 두 세계 사이의 교환이 잘 이루어졌습니다. 쿤은 후에 자신이 도를 넘었다는 것을 깨달았고, 초기의 극단적인 견해를 어느 정도 철회했습니다. 그럼에도 불구하고, 쿤은 과학에서 무엇이 진행되고 있는지를 이해하는 방법에 관해 분명히 중요한 일반법칙을 생각했습니다. 즉 과학의 역사가 과학철학에 가장 좋은 길잡이라는 법칙입니다. 만일 과학이 어떻게 운영되는지를 알고 싶고, 과학이 정당하게 얻기 위해 무엇을 요구할 수 있는지를 알고 싶다면, 과학이 실제로 어떻게 이루어지고 과학의 이해가 실제로 어떻게 전개되는지 공부해야 합니다. 평가는 구체적 실험의 기반 위에서 이루어지는 것이지 추상적 일반법칙에 도움을 청한다고 되는 것이 아닙니다. 진정한 과학철학은 주로 사물의 당위적 존재방식을 다루는 하향식 논증이라기보다 사물의 현실적 존재방식을 증명하는 상향식 논증입니다.

신학에서는 특별히 역사적으로 교리의 발전을 다루는 생각이 필요합니다. 신학은 여러 세기를 통해 신학의 관점을 넘어 다른 관점과 더 큰 접촉을 해야 했습니다. 성령의 연속적 활동을 믿는 사람은(요한복음서 16:12-15) 순간적 지식을 소통하는 모든 행위가 단번에 이루어진 것보다 하나의 과정으로서의 계시를 이해할 것입니다. 과학 패러다임의 혁명적 변화의 시대와 비견할 정도로 신약성서 시대의 특별한 통찰의 시기가 틀림없이 있지만, 안정된 '정상신학'(normal theology)의 시기도 있습니다. 과학과 신학의 비교 연구는 이 두 분야에서 더 많은 진리의 발견이 어떻게 이루어지는지에 관해 몇 가지 역사적 사례를 고찰하는 작업으로 적절히 전환할 수 있습니다.

1 더 깊은 의미에 관한 인식의 성장

이해의 진보를 위해 새로운 개념적 가능성이 열어준 결과를 선별하고 탐색하는 과정이 필요합니다.

A. 이론적 진보

플랑크의 독창적 가설은 흑체복사의 스펙트럼을 다루는 성공적 공식을 훌륭하게 산출했는데, 복사는 개별 에너지가 복사의 빈도에 따라 비례하는 에너지의 묶음 속에서의 방출과 흡수를 말합니다. 하지만 플랑크는 자신의 위대한 발견에 만족할 수 없었으며, 후에 한 인터뷰에서 그것을 절망적 상태로 묘사했습니다. 양자(quanta)는 에너지의 묶음을 하나, 둘, 셋, … 셀 수 있는 실체입니다. 1913년에 보어(Niels Bohr)는 셀 수 있는 속성이라는 생각을 각운동량(angular momentum), 즉 회전 운동하는 시스템에 대한 측정으로 확장했습니다. 이로 인해 보어는 수소 원자의 모델을 구상할 수 있었습니다. 양적인 면에서도 주목할만한 성공이었습니다. 그 모델은 수소 스펙트럼의 속성에 대한 설명이었고, 발머(Johann Jacob Balmer)가 28년 전에 기록했던 수식에 대한 증명이었습니다. 그때까지는 누구도 그 이유를 알지 못했음에도 불구하고, 사실에 부합하는 수에 대한 호기심으로 남아 있었습니다. 하지만 각운동량에 대한 보어의 양자화는, 어떤 의미에서 중요한 통찰력을 보였으나, 다른 의미에서 뉴턴 물리학에 임의적 무모순성을 강제로 부과하는 것이었습니다.

1926년 슈뢰딩거(Erwin Schrödinger)가 파동 광학과 기하학적 광학 사이의 관계에 대한 유사논리를 활용했고, 슈뢰딩거 방정식을 추론할 수 있었습니다. 슈뢰딩거는 이 파동방정식을 수소 원자에 적용했고, 발머 공식(Balmer formula)의 설득력 있는 계산임을 증명함으로써 진정한 이해에 도달할 수 있었던 것 같습니다. 조금 더 앞서 1925년 하이젠베르크(Werner Heisenberg)는 양자이론 최초의 진정한 공식을 발견했지만, 당시 친숙하지 않고 명료하지 못한 방식(행렬 역학)으로 그 내용을 표현했습니다. 1926년 슈뢰딩거가 제안한 것과 동일한 물리 이론으로 인정할 수 없었으나, 두 이론이 근본적으로 동등한 이론임이 곧 증명되었습니다. 가장 명확한 증명은 디랙(Paul Dirac)의 양자역학의 원리에 대한 일반적 설명이었는데, 중첩원리(superposition principle)에 근거한 설명이었습니다. 이에 관해 제1장의 3을 참조하기 바랍니다.

양자이론 이야기는 이해의 확장 속에 있는 지속적 발전의 하나입니다. 종착점(현대 양자이론)은 시작점(흑체에서 떨어지는 에너지의 방울)과는 매우 달라 보입니다. 하지만 그 패턴은 개념적 이해와 효율적 설명에서 일관성이 있는 성장의 한 과정이었습니다. 그 성장은 처음과 마지막을 연결하고, 전체 에피소드에 진리를 점점 더 깊이 있게 이해하는 특성을 제공합니다.

B. 칭호와 성육신

예수의 위상과 중요성을 다루는 그리스도교의 생각은 진리 추구 과정의 패턴에 상응합니다. 예수는 천상의 아버지인 신과 특별히 친밀한 관계를 분명히 의식하고 있었습니다. 겟세마네에서 예수는 아람어(Aramaic) 단어를 사용하면서 친밀한 언어로 기도했습니다. 마가복음서 기록자는 이 중요성을 충분히 알았기 때문에, 그리스어로 기록된 마가복음서 속에 아람어 '아바(*Abba*)'를 그대로 유지하면서 소리나는 대로 옮겼습니다.

> 아바, 아버지, 아버지께서는 모든 일을 하실 수 있으시니, 내게서 이 잔을 거두어 주십시오. 그러나 내 뜻대로 하지 마시고, 아버지의 뜻대로 하여 주십시오.(마가복음서 14:36)[28]

이보다 먼저, 사람들이 자신을 누구라 하냐고 예수가 제자들에게 물었을 때, 베드로의 갑작스런 고백 '당신은 메시아(그리스도)이십니다'를 예수는 거부하지 않았습니다. 그는 제자들에게 침묵하도록 경고하였고, 신의 기름 부음 받은 자, 즉 메시아의 의미가 군사적 승리와 연결되기 보다 수난과 배척과 연결됨을 가르치기 시작했습니다(마가복음서 8:27-33). 곧 영향력있는 두 번째 이름이 될 때까지, '그리스도' 칭호가 지속되었다는 사실은 신실하게 보존해야

했던 주님의 기원에 관한 칭호라는 것을 초기 그리스도인이 인지했음을 시사합니다.[29]

더 복합적 이야기가 복음서에서 묘사된 예수의 다른 칭호와 관련되어 있습니다. '인자'(the Son of man) 칭호는 예수의 입을 통하여 모든 복음서에 규칙적으로 나왔습니다. 인자가 누구냐고 무리가 예수에게 물었을 때만, 다른 사람이 오직 한 번 사용했습니다(요한복음서 12:34). 인자라는 칭호가 예수의 부활 이후에 교회 내에서 독립적이고 규칙적인 사용이었다고 생각해야 할 이유는 없습니다. 이것을 이해하기 위해 신약성서학자 사이에 끝없는 논쟁이 있었습니다. 여기서는 제가 타당하게 여기는 그 결과만을 요약하고자 합니다.[30]

인자는 분명히 예수를 지칭했습니다. 인자는 예수의 특별한 중요성을 함의합니다(예를 들면, 마가복음서 8:31). 그러나 다른 때에는 인자라는 칭호가 신의 목적의 최종 성취와 관련된 인물을 지칭합니다. 그 인물은 예수와 밀접하게 연관되어 있으나, 예수와 일치하지는 않습니다(마가복음서 8:36). 저는 인자라는 칭호가 예수 자신에게 돌아간다고 믿고, 표현되는 방식에 어떤 변형이 있었다는 사실이 이 점을 확인한다고 믿습니다. 왜냐하면, 부활 이후의 그리스도교 공동체는 예수가 신의 목적의 최종 성취자라는 사실을 의심했다고 상상할 수 없기 때문입니다. 예수는 다니엘서 7장의 비전을 마음 속에 가지고 있었던 것 같습니다. '인자 같은 이가 오는데, 하늘 구름을 타고 와서'(7:13)에서 인자는 신의 보좌 앞에서 '권세와 영광과 나라'(7:14)를 받는 사람으로 나타납니다. 이 칭호는 단지 신의 말씀을 전달하는 책임이 있는 예언자적 메신저에 대한 지칭을 넘어서, 매우 특별한 수준의 중요성을 전합니다.

그리스도와 인자, 이러한 칭호는 예수의 생애에서 자기 이해에 관해 중요한 무엇인가를 알려줍니다. 이런 칭호는 역사의 안과 밖에서 신의 특별한 대행자임을 확인하는 고귀한 주장이지만, 본질적으로 신의 칭호는 아닙니다. 이스라엘의 왕에게도 '인자'라고 부를 수 있었기 때문입니다(시편 2:7). 한 인간이 자신에 관해 생각할 수 있는 것과 이런 칭호들은 모순되지 않습니다. 예수는 1세기 팔레스타인에서 진정으로 인간의 삶을 살았습니다. 예수는 자신에 대해, 신과 자신의 관계에 대해 그 이상의 무엇이 있는지의 질문을 해결하지 못한 상태에서 신의 목적 안에서 유일한 역할을 성취하기 위해 그렇게 불렸다고 믿었습니다. 예수에 대한 경험을 깊이 생각하고 특히 예수의 부활에 대한 믿음을 깊이 생각한 사람이 후에 칭호와 예수의 자기 이해를 인식할 수도 있습니다.

초대 교회가 정말 해야 할 이야기가 더 있었다는 결론을 신속하게 내린 것이 분명합니다. 이런 확신 속에서 우리가 이미 논의한 바대로 예수에 대해 신의 언어와 인간의 언어가 기이하게 혼합되는 사건이 일어났습니다.[31] 신에 준하는 칭호인 '주님(Lord)'의 사용이 그런 사례입니다. 예수를 이야기하기 위해 적합한 단어를 찾으면서 초기의 그리스도인은 필요한 자료를 찾기 위해 구약성서를 철저히 찾아보았습니다. 신약성서학자 브라운(Raymond E. Brown)은 쿰란의 사해사본공동체(Dead Sea Scrolls community)가 구약성서를 다루는 방식과 비교하면서 흥미로운 점을 지적했는데, 그들은 페쉐르(*pesher*)로 불리는 기법으로 하박국 예언서를 다룰 때, 세밀하게 동시대의 사건을 언급하면서 공들여 한 줄 한 줄 해석하기 위해 노력했다는 것입니다. 초기의 그리스도인은 훨씬 더 자유롭고 융통성을 가지고 있었습니다. 예수 자체에 집중하는 것이 그들의 생각을 주도했기 때문입니다. '기본적 구상은 구약성서 때문에 현재의 상황을 이해하는 것이 아니라 현재의 상황 때문에 구약성서를 이해하는 것이다. 즉 예수가 지배하는 것이지 문서가 지배하는 것이 아니다.'라고 브라운은 해석했습니다.[32]

초기의 그리스도인이 사용했던 구약성서 속의 이미지는 제1아담의 죄의 결과를 역전하는 예수를 제2의 아담으로 이해하는 것이었고(로마서 5:12-21), 예수를 신의 지혜로 이해하는 것이었습니다(고린도전서 1:24). 요한복음서의 서문이 기록될 때까지(아마도 1세기가 끝날 때까지) 예수는 말씀과 동일했고 말씀은 신과 동일했습니다(요한복음서 1:1,14). 말씀은 그리스어 '로고스(*logos*)'가 의미하는 우주의 질서 법칙의 개념과 히브리어의 '다바르(*dabar*)'의 의미를 포함하고 있습니다. 다바르는 역사에서 활동하는 신의 말씀을 뜻합니다. 요한복음서는 예수를 성부가 보낸 성자로 언급하지만, 또한 '아버지는 나보다 크시다'(요한복음서 14:28)라는 구절을 포함하고 있습니다. 후에 아리우스주의자가 성부에 대한 성자의 종속을 지지하는 근거로 이용하고자 했습니다. 신약성서의 시대가 끝나는 시기에 이미 많은 그리스도론의 발전과 일부 그리스도론의 혼선이 있었습니다. 신학적 논쟁은 계속되었고, 에큐메니칼 공의회의 성육신 교리 결정으로 이어졌습니다. 그 성육신 교리는 나사렛 사람 예수가 거룩한 삼위일체 신의 제2격 성육신임을 말합니다.

그리스도교 신학처럼 양자이론도 진리를 추구하는 과정의 시작에서 나타났던 것보다 훨씬 더 중요한 의미를 인식했습니다. 양자물리학의 표현을 위해 뉴턴의 수학을 넘어서는 새로운 종류의 수학이 필요했습니다. 니케아 신조의 작성자는 신약성서에서 발견할 수 없는 철학적 단어를 사용해야 했습니다. 5세기의 칼케돈 신조는 분명히 1세기의 출발점과는 표면상 매우 달라 보입니다. 그러나 저는 다음과 같은 결론이 가능하다고 믿습니다. 이러한 발전에 수반된 것은 성급하고 통제할 수 없는 추측이 아니라, 직관에 반하지만 증명의 시작을 의미하는 개념적 발전입니다.

2 병행 발전: 더 고려해야 할 사례

이해를 위한 탐구는 풍부한 경험을 정당화하기 위해 상호연결한 개념의 작품집을 요구합니다.

A. 파동

초기에 동기를 부여하는 경험과 연결을 끊지 않고 중요한 변화를 이루는 방식으로, 개념적 이해가 역사적으로 어떻게 성장하는지 탐구하는 것은 저의 목적에 매우 중요한 주제이므로, 주요 관심사와 병행하는 발전에서 도출된 주제를 더 설명해 보겠습니다. 물리학의 경우, 제가 교훈적 사례로 생각한 것은 파동이론입니다.

물리학자들이 처음 생각했던 파동은 직접 감지할 수 있는 현상, 즉 진동하는 끈에 의해서 유도되는 바다의 파동이나 소리의 파동 같은 것이었습니다. 이러한 예에서 분명한 것은 진동하는 매질이 파동의 전달체 역할을 한다는 것입니다. 그러므로 19세기에 맥스웰

(James Clark Maxwell)이 전자기이론의 새로운 이해를 통해 빛이 전자기파로 구성되었음을 보였을 때, 이 경우에도 관련 파동을 전달하기 위해 매개체 역할을 하는 물질적 기질이 있다고 가정하는 것이 당연했습니다. 그래서 발광 에테르(aether)가 존재한다는 유명한 추정도 있었습니다. 물체가 에테르를 통해 자유롭게 운동하는 것으로 생각했기 때문에, 에테르는 이해하기 힘든 캐릭터를 가져야만 했습니다. 그러나 파동의 본질이 보여준 것도 다루기 매우 어려웠습니다. 켈빈(Lord Kelvin)이나 맥스웰의 경우처럼, 현재 물리학자도 이러한 속성의 이상한 조합에 고심하는 것은 놀라운 일이 아닙니다. 물리학자는 이러한 종류의 행동을 에테르에 부여하는 것이 모순이 없음을 보이고자 실험하면서, 이러한 특성을 가지고 매질의 역학적 모델을 생각하려고 시도했습니다. 바퀴 안의 바퀴라는 바로크 양식의 구성은 분명히 실재적이지 않았지만, 가정의 신뢰성을 실험하기 위한 사고 실험이었습니다. 1887년 에테르를 통과한 지구의 속도를 측정하고자 고안된 마이켈슨-몰리 실험(Michelson-Morely experiment)이 의미있는 결과를 전혀 얻지 못했을 때, 당혹감은 더 심화되었습니다.

1905년 아인슈타인(Albert Einstein)은 특수상대성을 발견하여 그 어려운 문제를 일거에 해결했습니다. 갑자기 에테르의 필요성을 모두 폐기하는 방식의 생각을 하게 되었습니다. 전자기파가 바로 그 주인공으로 인식되었습니다. 파동을 일으킨 것은 전자기장 자체에 존재하는 에너지였습니다.

1926년 슈뢰딩거 방정식이 새로운 종류의 파동방정식으로 형성되었을 때, 파동이란 무엇인가의 질문이 다시 한번 제기되었습니다. 초창기의 경향은 물질의 파동을 제안하는 것이었습니다. 물질의 파동은 너무 분산되어 실제 실험적 관찰이 되었을 때 전자의 위치와 양립될 수 없음이 곧 명백해졌습니다. 그 대답을 찾은 인물이 바로 보른(Max Born)이었습니다. 슈뢰딩거 파동은 확률의 파동입니다. 파동함수는 전자와 관련된 설명할 수 없는 양자 상태에 존재하는 가능성의 표상입니다.

파동이론에 관한 간략한 역사는 다음의 두 가지를 보여줍니다. 첫째, 어떻게 이론 물리학에서 필수불가결한 개념이 되었는가? 둘째, 어떻게 실재적 해석이 물리적 세계가 실제로 행동하는 방식을 설명하는 수단으로서 그 역할을 중단하지 않고 소박한 객관성에서 훨씬 더 예리한 설명으로 이동했는가?

B. 영

어느 정도 유사한 역사가 영을 연구하는 신학적 구상에서 발견될 수 있습니다. 구약성서의 가장 첫 부분에서(창세기 1:2), 신의 영이 혼돈의 물 위에 움직이고 있었는가 아니면 신의 바람이 물 위로 불고 있었는가? 히브리어에서는 두 가지 모두 가능합니다. 후에 신의 영을 부어 주겠다는 신의 약속이 있었습니다(요엘 2:28-29). 그 초점은 신의 영이 메시아(Messiah, 신이 기름을 부어 준 사람)에게 임하는 것에 있었습니다(이사야 61:1). 영은 구약성서에서 종종 능력의 선물로 이해되었습니다. 때로는 매우 특정한 목적을 위한 선물로 이해되었습니다(출애굽기 31:1-11에 나오는 브살렐과 오홀리압이 출애굽의 시기에 회막과 증거궤를 만들기 위해 능력을 받았던 사건).

앞으로 오실 분이 성령으로 세례를 받으실 분이라고 세례 요한이 선포했을 때, 새로운 소식이 울려 퍼졌습니다(마가복음서 1:7-8과 병행구). 복음서와 초대교회는 이견 없이 예수를 이러한 예언의 성취로 보았습니다. 사도행전(1:8)에서 성령은 그리스도의 담대한 증인에게 필요한 능력을 부여합니다. 이러한 선물로서의 능력과 함께 일어났던 이적과 표적에 관해 많은 이야기가 있습니다. 오순절 사건에서 성령을 부어주는 분은 부활하고 높이 올림을 받은 예수였습니다(사도행전 2:33). 바울의 서신에서 성령의 사역에 대해 약간 다른 설명이 나옵니다. 성령이 부여한 은사는 다양하고, 다양한 목적을 위해 다양한 신자에게 다양한 방법으로 분배됩니다(고린도전서 12:4-11). 하지만 은사는 그리스도를 닮는 삶의 하나의 열매를 낳습니다(갈라디아서 5:22-23). '성령께서 깊은 탄식으로 우리를 위해 간구한다'는 바울의 심오한 인격적 설명은 단지 능력으로서의 성령에 관한 비인격적 개념을 일소합니다. 깊은 탄식의 간구는 창조의 산고에 함께 연대하며 내는 소리입니다(로마서 8:26-27). 그리스도의 영과 성부의 영과 성령에 관하여 같은 구절에서 언급할 수 있지만(로마서 8:9), 바울이 깨달은 신은 성령을 주는 분입니다(고린도전서 2:12 등). 요한복음서는 예수가 보혜사(*Paracletos*, 요한복음서 16:7-8)를 보내기로 약속하기도 하고, 성부가 예수의 이름으로 성령을 보낼 것이라고도 했습니다(요한복음서 14:26).

모든 것이 신약성서에서 말끔하게 정리되지는 않았습니다. 그러나 분명히 성령에 대한 증언은 대부분 인격적 언어로 나타났습니다. 이 때문에 교회는 얼마동안 이 모든 것에 관해 어떻게 생각할 것인가를 해결하려 했습니다. 4세기가 되어서 신으로서 성령의 개념과 동시에 삼위일체의 제3격으로서 성령의 개념이 명료성과 확정성을 가지고 교회의 이해에서 나타났습니다. 여기에서 다시 한번 비교적 소박한 구체화(브살렐에게 주어진 별도의 능력)에서 심오하고 예상할 수 없는 실재에 대해 예리한 설명을 향한 이동의 경향을 볼 수 있습니다.

중요하게 고려하는 질문과 답변에 적합한 사고의 양상은 현대의 지성적이고 문화적인 태도에 영향을 받습니다.

A. 상대론적 양자이론

어느 시대나 과학의 분과에서 연구자의 관심이 상당히 좁은 부분에 집중되는 경향이 있습니다. 이러한 이유가 부분적으로는 당시의 환경(즉 최신 발견의 흐름, 실험 설비와 기법을 가지고 곧 접근이 가능한 것, 이론적 발전의 상태)에서 다루기 용이하고 추진하면 이익이 있는 탐구일 것 같다는 점을 보여주기 때문입니다. 반면 그 시대의 지적 상상력의 포착에서 오는 다른 효과도 작용합니다. 과학은 유행의 동향과 무관하지 않습니다. 비록 사회적 요인이 결국 도달하게 될 결론의 본질을 결정한다는 주장이 매우 과장된 것이라고 해도, 사회적 요인이 과학 공동체 내에 분명히 작용합니다. 유행이 무엇인가에 관한 고려는 의심할 바 없이 과학적 발전의 방향과 속도를 좌우할 것입니다. 유행은 연구 기금과 연구 경력에 적합하다고 여기는 것의 영향을 통해서 옵니다.

상대론적 양자이론의 발전에 관한 간략한 설명을 통해 이러한 효과를 보여드리고자 합니다. 그 주제는 1920년대 후반에 디랙(Paul Dirac)에 의하여 시작되었고, 디랙의 양자장이론의 발견과 전자에 대한 유명한 방정식을 통해 다루어졌습니다. 그 방정식은 웨스트민스터 수도원에 있는 디랙의 묘비에 잘 새겨져 있습니다. 곧 모든 상대론적 양자방정식이 장이론(field theory)으로 생각될 필요가 있음을 알게 되었습니다. 다소 정교하지 못했던 초기 계산이 수용할 정확도의 수준에서 실험과 일치하는 유망한 답변을 주었습니다. 파동-입자 이중성의 선명한 개념화와 반물질의 존재에 대한 디랙의 예측이 결합된 이 성공적 실험은 양자장이론가가 무엇인가를 하고 있음을 분명히 보여주었습니다.

하지만 더 정교한 계산이 시도되었을 때, 부분 수정된 예상 결과를 내는 것 대신에 이상한 결과를 냈습니다. 해답이 '무한'으로 증명되었기 때문입니다. 뭔가 심각하게 잘못되고 있었습니다. 그 결과 한동안 사람들은 양자장이론에 관심과 확신을 잃었습니다. 제2차 세계대전이 끝날 때까지 후속 발전이 없었는데, 전후 세대의 물리학자가 천재적 방법을 발견했습니다. 양자전기역학(quantum electrodynamics, 광자와 전자의 상호작용에 대한 장이론, 약자로는 QED)에서, 전자의 질량과 전하에 분포된다는 관점에서 모든 무한이

격리될 수 있음을 발견했습니다. 수학적으로 무한의 표현이 상수의 실제 유한값으로 대체되면, 최종 계산은 무한으로부터 자유로울 뿐 아니라 실험과 놀라운 일치를 보이는 것으로 증명되었습니다. (QED의 예측이 달라서, 사람의 머리카락 너비보다 작은 값에서부터 뉴욕과 로스앤젤레스 사이의 거리 만큼의 측정값을 가집니다!) 이 절차를 '재규격화'(renormalisation)라고 불렀습니다.

양자장이론이 다시 인기를 얻게 되었으나, 오래 지속되지 못했습니다. 동일한 기법을 핵력과 관련된 상호작용에 적용했을 때, 그 시도가 만족할 만한 답을 주지 못했습니다. 물리학자는 장에 관한 총체적 생각을 묻기 시작했습니다. 공간의 모든 지점과 시간의 모든 순간의 관점에서 표현된 추상화를 통해 무슨 일이 일어나고 있는지 설명할 수 있다는 생각은 가정에 근거한 것입니다. 하지만 우리는 실험실 내에서 진행되고 있는 사건들에 대해 훨씬 더 제한된 접근만 할 수 있습니다. 사용한 기본적 기법은 산란 실험인데, 충돌 입자는 들어오고 산란 입자는 나가는 것으로 간단히 설명될 수 있겠습니다. 단지 산란의 상호작용의 '이전'과 '이후'를 연결하는 더 빈약한 설명으로 장이 대체된다고 제안했습니다. 결론으로 나온 수학은 S행렬 (S-matrix)이라 불렸습니다(S는 산란scattering을 표현). 상대론적 양자역학이 S행렬의 어떤 수학적 속성을 증명하는 것으로 알려졌습니다. 이 수학적 속성이 새로운 이론 형성을 위해 기초를 제공할 수 있을 것으로 기대했습니다. 유망해 보였고 충분한 인원의 학자가 그 과제에 헌신했습니다만, 결국은 이론이 너무 복잡해지면서 그 자체의 무게를 이기지 못하고 무너졌습니다.

바로 이 시기에 장이론에 새로운 생명을 불어넣는 발전이 시작되었습니다. 핵의 상호작용과 관련된 힘이 너무 강해서 QED 기법이 작용할 수 없었기 때문에, 적용 문제가 제기되었습니다. '게이지이론(gauge theory)'이라 부르는 새로운 수준의 장이론을 확인했고, 상호작용은 거리의 감소에 따라 약해지는 것으로 발견했습니다. 이것은 오래된 기법의 일부가 특정 상황에서 핵 문제를 논의하는 데 사용될 수 있음을 의미했습니다. 장이론은 다시 한번 젊고 야망을 가진 이론가가 원하는 주제가 되었습니다. 이러한 국면은 지금까지 계속되었으며, 기초입자물리학에서 인기있는 현대의 이론은 게이지 장이론입니다.

B. 역사적 예수와 신앙의 그리스도

물리학처럼 비교적 간단한 주제에 유행하는 현상이 있다면, 신학에서는 유행하는 현상이 더 많을 것으로 예상할 수 있습니다. 신학은 실재의 심오하고 신비한 양상과 파악하기 더 어려운 경험과 관련되어 있기 때문입니다. 이것은 실제로 그렇게 증명되었습니다. 변동하는 운명을 지닌 양자장이론에 대응하는 신학적 이론이 있습니다. 이것은 나사렛 예수라는 역사적 인물 탐구의 중요성에 근거한 그리스도론의 사유가 지닌 변동하는 강조입니다.

복음서의 역사비평적 연구는 현대적 방식으로 수행되었는데, 계몽주의 정신의 영향 아래에 있었던 18세기 후반에서 그 기원을 찾을 수 있습니다. 처음부터 복음서 자료를 향한 합리적 접근의 한계는 명백했습니다. 라이마루스(H. S. Reimarus)의 사후작(1778)이 환원적 분석의 단점을 보여주었는데, 그는 예수의 제자들이 예수의 시체를 훔쳤고, 부활 이야기를 조작하여, 죽은 지도자가 영적인 구원자가 되도록 했다는 꽤 그럴듯해 보이는 제안을 내놓았습니다. 그가 생각했던 바에 의하면, 예수가 종교적 문제보다는 민족적 문제에 더 관심을 가졌다는 사실을 기만하려는 속임수가 있었다는 것입니다. 기적에 대한 반감과 입체적이지 못한 역사주의로의 참여는 일반적으로 발생하는 것이 언제나 발생한다는 전제에 근거했습니다. 복음서를 비판적으로 읽어야 한다고 주장해서 전례 없는 모습을 보여주었기 때문에, 흔히 '최초의 탐구'라고 부르는 역사적 예수에 대한 현대 연구가 그 초기의 특성을 보여줍니다. 그러한 계몽주의적 접근을 주창한 가장 유명한 인물은 슈트라우스(David Friedrich Strauss)였던 것 같습니다. 그의 작품 『예수의 생애』(1835)는 복음서의 내용을 설명하기 위해 신화라는 범주가 광범위하게 사용되었습니다. 특히 기적적 요소에 대해 슈트라우스는 단지 상징적 가치만 부여하려고 하였습니다. 신화의 범주를 올바르게 이해한다면, 신화라는 개념은 정통 그리스도교 신앙에 반하는 적대적 개념이 아닙니다. 진리의 지시로서 신화에는 매우 깊이가 있습니다. 신화의 가장 강력한 전달 수단은 논증이 아니라 이야기입니다.

신화와 역사의 관계는 중요한 논쟁점입니다. 현재 누구도 그리스 신화를 실제 사건으로 해석하지는 않지만, 제가 밝히고자 하고 그리스도교 정통주의가 주장하는 내용은 예수의 삶과 죽음과 부활의 이야기가 '제정' 신화라는 것입니다. 이 이야기는 단지 상징적 진리가 아니라 역사적 진리입니다. 이 이야기는 신의 본성과 신의 목적의 역사 속에서 신의 계시적 드러냄의 중심요소입니다. 부활과 같은 기적은 전례가 없는 유일한 환경 속에서 발생하는 전례가 없는 유일한 사건으로 볼 수 있습니다.

역사적 예수에 관한 최초의 탐구는 그리스도론의 유행이 다른 방향으로 흐르기 시작한 19세기 말에 끝났습니다. 켈러(Martin Kähler)가 『이른바 역사적 예수와 역사적 의미가 있는 성서의 그리스도』(1892)라는 중요한 책을 저술했는데, 그는 역사의 예수(the

Jesus of History)와 신앙의 그리스도(the Christ of faith)를 구분하고, 그리스도교 신앙의 실제 주제는 신앙의 그리스도라고 주장했습니다. 켈러는 '역사적 의미가 있는 성서의 그리스도'를 언급하였는데, 이것은 증거가 분명한 문서의 기록을 통해 실제의 언행에 역사적으로 접근가능한 인물이라기 보다, 문서의 이미지 속에 선포된 인물을 의미합니다. 이러한 접근을 S행렬과 비교할 수 있습니다. 주어진 최종 결과에 직접 집중하기 위해, 어떻게 그 결과가 나왔는지에 대해 세부 사항을 묻지 않고, 중요한 고려사항을 축소하는 유사성이 있기 때문입니다.

결론적으로 관심은 나사렛 예수에서 그리스도로 이동했습니다. 여기서 나사렛 예수는 종종 그림자나 모호한 개인으로 생각되기까지 했던 인물을 의미하고, 그리스도는 복음서의 선포 안에서 교회가 설교한 주제가 되는 인물을 의미합니다. 그러나 그리스도교 메시지를 선포하는 공동체를 형성했던 제자들이 알려준 갈릴리 사람 예수에 대한 전례 없이 놀랍고 대단한 그 무엇이 없었다면, 어떻게 설교된 그리스도가 나올 수 있는지 이해하기란 정말 어렵습니다.

최초의 탐구에 대한 최후의 일격은 1906년 슈바이처(Albert Schweitzer)의 『역사적 예수에 관한 탐구』였습니다.[33] 그는 역사적 예수에 관해 19세기의 자유주의적 설명이 형성된 과정과 방법을 보여주었습니다. 1세기의 유대인이 그 시대 안에서 신중하게 설명된 것이기보다 연구자의 시대정신의 영향 아래에서 형성된 것임을 슈바이처가 알려주었습니다. 가톨릭의 작가 타이렐은(George Tyrrell)은 개신교의 저명한 역사학자 하르낙(Adolf von Harnack)에 대한 비평에서 이같은 생각에 관해 다음과 같이 재미있게 표현했습니다.

> 1900년 동안 가톨릭의 암흑기를 통해 하르낙이 되돌아본 그리스도는 깊은 우물 바닥에 보이는 자유주의 개신교의 얼굴을 반영한 것 뿐이다.

슈바이처는 예수의 묵시적 기대를 큰 비중으로 강조했습니다. 이 기대는 역사의 종말을 가져오기 위해 신국의 마지막 완성에 관한 묵시적 기대였습니다. 예수가 이러한 기대에 실망감을 느꼈을 때, 자신을 산 제물로 바쳐 역사의 수레바퀴를 신의 방향으로 전환하려 노력했다고 슈바이처는 믿었습니다. 예수가 가졌던 신국의 개념은 19세기 자유주의의 생각보다는 훨씬 더 강력한 것이었는데, 슈바이처는 수정을 하면서 너무 간격이 큰 변화를 시도했습니다. 윤리 교사의 범주가 되었든 혹은 종말론적 예언자의 범주가 되었든, 예수는 어떤 단순한 범주로 환원되지 않습니다.

불트만(Rudolf Bultmann)은 20세기 전반기에 가장 영향력이 있는 신약성서학자였던 것 같습니다. 그는 역사에 대한 깊은 불신과 기적적 사건의 주장에 회의적인 의심을 계속 가지고 있었습니다. 과학 시대의 사람이 복음서를 수용할 수 있도록 비신화화가 필요하다고 그는 주장했습니다. 중요한 것은 예수 생애의 세부적 내용이 아니라 예수의 가르침이었다는 것이 불트만의 생각이었는데, 그의 생각은 대부분 우리 속에 숨어 있습니다. 신약성서가 실제로 무엇에 관한 것인지를 이해하는 데 핵심적 범주는 케리그마(*kerygma*), 즉 사도적 설교에서 선포한 그리스도에 대한 실존적 참여입니다.

하지만 역사에 닻을 내리지 않은 사람에 대한 참여는 환상에 대한 참여로 판단될 수 있습니다. 저의 생각에, 역사의 예수와 신앙의 그리스도의 관계에 대한 긍정적 평가는 신뢰할 수 있는 그리스도론의 중심에 있습니다. 그리스도인은 단지 상징적 인물에 만족할 수 없습니다. 성육신의 종교는 실제 제정의 정도라는 쟁점과 불가피하게 관련됩니다. 이 쟁점은 신화의 기원과 관련이 있다고 볼 수 있습니다. 무엇보다도 과학 시대에 우리는 예수의 유일한 중요성에 관한 그리스도교 신앙을 위해 역사적으로 내재된 동기를 주의 깊게 고찰하는 것만으로 만족할 수 없습니다. 역사적으로 알지 못하지만, 상징적으로 불러내는 인물로 그리스도를 다룬다면, 그리스도 실재와의 접촉을 상실하는 것입니다.

20세기 후반에 그리스도론의 유행이 다시 변화했는데, 더 나은 방향으로 변화한 것이 제게는 놀랍지 않았습니다. 역사적 예수를 연구하기 위해 '새로운 탐구'가 시작되었습니다. 새로운 탐구는 예수가 살았던 1세기 유대교의 정황을 충분히 고려할 필요성에 대해 정당하고 중요한 강조를 하면서 현재도 활발히 계속되고 있습니다.[34] 양자물리학이 더 자세한 이해를 추구하는 것처럼, 결과적으로 S행렬 이론의 베일에 가려진 설명이 제공하는 것보다 더 명확한 이해를 추구하는 것처럼, 그리스도론은 메시아 예수의 삶과 죽음과 부활의 근본 뿌리로 돌아가야 했습니다.

4 천재의 역할

소수의 예외적 사람의 통찰은 이해의 향상에 많은 영향을 줍니다.

A. 양자이론의 창시자

실험적 기회가 활용되고 이론적 함의가 탐구됨에 따라 정직하게 고생하는 연구자들의 노고 덕분에 과학에서 많은 발전이 가능합니다. 하지만 이를 인정한다고 해서 예외적 재능을 가진 소수의 사람이 획득한 통찰의 중요성을 과소평가하게 해서는 안 됩니다. 이것이 전체의 이야기는 아닐지라도, 과학사의 '위대한 인물' 이야기에는 분명히 어떤 진리가 있습니다. 특히, 물리적 과정에 대한 이해가 크게 변화할 때, 천재의 발견은 그 주제를 앞으로 이끄는 데 탁월한 역할을 합니다. 양자이론의 경우, 1920년대 중반의 형성기에 하이젠베르크와 슈뢰딩거와 디랙의 특별한 통찰은 현대 양자이론 이해의 기초를 놓았습니다. 각자 특정한 관점의 선물을 주었습니다. 하이젠베르크는 스펙트럼 속성에 관심을 가지고 불확정성 원리를 발견했습니다. 슈뢰딩거는 양자 파동을 창의적으로 이해했습니다. 디랙은 중첩원리의 기반이 되는 수학적 구조를 깊이 있게 통찰했습니다. 세 인물은 물리학의 역사에서 영구적 영예의 자리를 마련했습니다. 물론, 위대한 과학적 발견에 적합한 시대였지만, 이 천재 물리학자들은 놀라운 방식으로 이러한 기회를 포착하여 이후 모든 양자물리학의 생각에 깊은 영향을 주었습니다.

B. 사도의 통찰

신약성서의 문서는 매우 다양하지만, 바울, 요한, 히브리서의 기록자, 세 특정 인물의 심오한 통찰이 큰 영향을 줍니다. 서로 다른 주제는 각 문서의 강조점을 보여줍니다. 바울은 죄와 의, 율법과 복음에 관심을 가졌습니다. 요한은 신의 사랑을 강조하며 예수의 십자가가 바로 영광의 왕좌라고 통찰했습니다. 히브리서의 기록자는 '고난을 당하심으로 순종을 배우시는'(히브리서 5:8) 부활한 그리스도의 신적인 중재를 이해했습니다. 신약성서의 문서에서 발견된 신학적 성찰의 깊이는 후속 세대의 모든 신학자가 바울과 요한과 히브리서의 기록자와 접촉해야만 했다는 사실을 함의합니다. 그리스도교의 첫 세대에서 신학사상사의 위대한 세 인물을 배출했다는 것은 매우 놀랍습니다. 세 인물의 뛰어난 통찰은 성령의 섭리적 영감의 결과로 볼 수 있는 방식으로 그리스도교 신학의 형식을 구성했습니다. 신앙인은 개인적 은사의 사용을 성령이 인도함을 볼 수 있는 것입니다. 물론, 위대한 신학적 발견에 적합한 시대였지만, 이 천재 신학자들은 놀라운 방식으로 이러한 기회를 포착하여 이후의 모든 그리스도교의 생각에 깊은 영향을 주었습니다.

5 미해결 난제와 같이 살기

일관성이 있고 충분하게 통합적인 이해의 체계가 궁극적 목표이지만, 모든 문제가 완전하게 해결되지 않은 상태로 사는 것을 용인해야 할 필요도 있습니다.

A. 양자의 문제

우리가 일상에서 경험하는 뉴턴적 세계가 어떻게 변덕스러운 양자적 속성에서 창발할 수 있을까요? 현대의 양자이론을 처음으로 발견한 지 80년 이상 지났는데, 이 합리적 질문에 대해 종합적이며 보편적으로 동의한 대답이 없다는 현실을 인정해야 한다는 사실이 저를 난처하게 만듭니다. 다음 세 가지의 주요 미해결 문제가 남아 있습니다.

(i) 첫 문제는 측정(measurement)과 관계가 있습니다. '여기'와 '저기'의 혼합 상태에 있는 전자가 어디에 있는지에 대해 고전적 측정 장치를 사용하여 실험 연구할 때, 각각의 상황에 따라 확정된 답을 얻게 될 것입니다. 물론 항상 동일한 답은 아닙니다. 때로는 '여기'서 발견되고, 때로는 '저기'서 발견될 것이기 때문입니다. 이론 덕분에 놀라운 정확도를 가지고 이렇게 다른 답을 얻을 확률을 우리가 계산할 수 있습니다. 그러나 어떻게 특정한 답이 특정한 상황에서 나오는지 설명할 수가 없습니다. 다양한 제안이 있었지만, 서로 양립할 수 없었으며, 완전히 만족스러운 제안은 없었습니다.[35]

(ii) 기초물리학의 20세기 위대한 두 가지 발견은 양자이론과 일반상대성이었습니다. 양자이론과 일반상대성을 결합하기 위한 노력은 이해할 수 없는 결과를 낳았습니다. 현재 해결하려는 시도는 초끈이론입니다. 초끈이론의 생각은 천재적이지만, 그 접근법이 실제 실험 지식의 스케일보다 10^{16}정도 더 작은 규모의 시스템에서 물리학의 공식을 추론하려는 시도에 의존하고 있습니다. 많은 사람들이 이 야심찬 프로젝트의 실현 가능성을 의심합니다.

(iii) 미시적 양자이론과 거시적 카오스이론은 서로 불완전한 조화를 이룹니다. 카오스시스템의 극도의 민감성은 그 시스템의 행동이 양자 불확정성 원리가 접근할 수 없는 환경의 미세한 세부상태에 따라 곧 달라진다는 것을 함의합니다. 하지만 두 이론의 종합은 양립불가능성으로 인해 좌절됩니다. 양자이론은 스케일(플랑크 상수에 의해 설정된 척도)을 가지지만, 카오스 동역학의 프랙탈 특성은 스케일에서 자유롭습니다. 양자이론과 카오스이론은 맞지 않습니다.

아무도 물리학의 이러한 난제를 반기지 않으며, 모든 물리학자는 결론적 해답을 희망합니다. 이해를 찾는 과정에서 그 난제는 마비 상태로 있지 않습니다. 과학자는 부분적 지식과 어느 정도의 지적 불확정성과 함께 살 수 있습니다.

B. 악의 문제

신학이 직면한 가장 어려운 문제는 악과 고난의 문제입니다. 그 본질은 간결하게 서술될 수 있습니다. 신이 선하고 동시에 전능하다면, 질병과 재앙, 잔학과 방치는 어디에서 오는 것일까요? 신이 선하다면, 정말 이러한 악은 제거되었을 것입니다. 신이 전능하다면, 정말 그렇게 할 수 있는 신성한 능력이 있을 것입니다. 두 번의 세계대전 이후 유대인 대학살과 그 외의 대량 학살 행위, 많은 자연 재해, 이런 문제는 현대 그리스도교의 생각을 특히 강하게 압박합니다.

부분적 대답은 신의 선함을 인정하는 것이 아니라, '전능'의 의미에 대한 세밀한 분석에 의해 거짓말로 간주될 수도 있습니다. 전능이란 말은 신이 절대적으로 무엇이든지 할 수 있다는 것을 의미하지 않습니다. 합리적인 신은 2+2=5를 명령할 수 없고, 선한 신은 악을 행할 수 없습니다. 전능이라는 말은 신이 원하는 것은 무엇이나 할 수 있다는 뜻이지만, 신은 '신의 본성에 부합하는 것'만 할 수 있습니다. 그리스도인은 그 본성이 사랑임을 믿습니다. 사랑의 신은 우주의 폭군이 될 수 없습니다. 신의 창조가 단지 신에 의해서만 조작된 인형극이 될 수는 없습니다. 사랑의 선물은 언제나 사랑의 대상에게 보내는 충분한 독립이라는 선물입니다. 그러므로 깊이 있는 직관을 가진 신학적 주장에 의하면, 자유롭게 존재를 선택하는 세계가 완전하게 프로그램된 자동기계보다 더 좋은 세계입니다. 자유 의지가 때때로 끔찍한 결과를 초래하더라도, 세계의 창조주가 허용하지만 전적으로 의도하지 않은 경우에도 마찬가지입니다. 떨리지 않는 음성으로 이 마지막 주장을 할 수 없다고 인정해야 합니다. 하지만 저는 그것이 진리라고 믿습니다. 그것은 도덕적 악, 인류가 선택한 잔학함과 방치가 있는 것에 대해 어떤 통찰을 제공합니다.

그러나 물리적 악, 물리적 질병, 물리적 재앙은 어떻습니까? 이러한 악은 훨씬 더 창조주의 직접적인 책임인 것 같습니다. 저는 일종의 '자유과정방어(free-process defence)'가 있다고 제안했습니다. 이것은 도덕적 악과 관련하여 자유의지방어(free-will defence)와 병행됩니다. 창조 질서의 모든 부분은 자신이 되고 (우주에 부여된 가능성에 관한 진화이론적 탐색을 통해) 자신을 만드는 다양한 본성에 따라 행동하도록 허용됩니다. 마술이 아닌 세계에서 (세계는 창조주가 변덕스런 마술사가 아니기 때문에 마술이 아닙니다) 결실을 맺는 과정에 불가피한 그림자가 있을 것입니다. 유전자 변이가 새로운 형태의 생명을 산출하지만, 다른 변이는 악성을 유발합니다. 지각판은 지표면을 보충하기 위해 광물 자원을 솟아오르게 하지만, 때때로

미끄러져 지진과 쓰나미를 유발할 것입니다.

이것은 심오하고 어려운 질문에 대한 힘겨운 답변입니다. 그러나 저는 진정한 통찰이라고 믿습니다. 이 통찰은 세상의 악에 그 댓가가 있음을 제시합니다. 약간 더 유능하거나 약간 덜 냉담한 창조주가 쉽게 제거할 수 있는 것이 있습니다. 모든 난제가 제거되어야 한다는 주장은 가능하지 않지만, 이러한 신학적 생각이 고통의 문제를 푸는 데 어떤 도움을 준다고 저는 믿습니다. 신학은 더 높은 수준의 통찰을 추가합니다. 그것은 우리가 지금까지 추구해 온 지적 토의보다는 더 근본적이며 실존적인 통찰입니다. 그리스도교의 신은 단순히 천상에서 지상의 고통을 내려다보며 창조의 산고를 동정하며 지켜보는 관객이 아닙니다. 그리스도인은 그리스도 안에서, 특별히 그의 십자가 안에서 인간의 생명과 그 괴로움을 함께 나누고 있는 신을 본다고 믿습니다. 신은 어둠과 거절 속에서 경험하는 수치와 고통의 죽음까지도 함께 나눕니다. 그리스도교의 신은 바로 십자가에 달린 신입니다. 신은 이해하면서 고통을 나누는 참된 친구입니다. 이러한 통찰은 가장 깊은 수준에서 고통의 문제를 다룹니다.[36]

제4장

개념적 탐구

제4장

개념적 탐구

상향식 사고를 하는 사람은 동기 부여된 믿음을 탐구하기 위해 경험에서 이해의 방향으로 움직이는 생각을 하려고 합니다. 연구의 초기 단계에서 사용되는 범주는 기본적 증거를 직접 체계화하는 작업에 해당하지만, 성찰을 계속하면 더 넓은 보편성과 더 심오한 의미에 관한 생각의 형성으로 이어질 수 있습니다. 이것은 단지 경험의 부분과 직접 일치시키기보다 이해의 방식을 통해 더 많은 것을 제공하는 것을 목표로 삼고 있습니다. 이런 이해의 방식은 무슨 일이 일어나고 있는지의 실제적 특성에 대해 더 깊은 통찰을 형성하고 해명을 구성합니다. 과학과 신학 모두에서, 개념적 가능성을 다루는 탐색과 설명은 보통 점진적 방법으로 이루어 집니다.

1 이론의 점진적 발전

지속적인 개념적 탐구는 더 예리하고 더 심화하는 것이 특징입니다.

A. 모델에서 이론까지

새로운 물리적 영역을 처음 설명할 때, 물리학자들은 종종 '현상학'이라고 부르는 것의 형식을 취하게 되는데, 이론적 작업은 특정한 실험 데이터와 밀접하게 관련된 상태로 수학공식화됩니다. 특수한 상태나 과정을 연구하고, 완성되지 않은 모델을 구성하면서, 사건에 대한 통찰의 일부가 얻어지는 경우가 있습니다. 모델은 고려 중인 특정 현상을 통제하는 주요 요인으로 나타난 것을 통합하려는 시도입니다. 모델은 일반적으로 공인된 특별한 방법으로 결합되는데, 특정 목적을 염두에 두고 구성된 집합입니다. 연구 중에 있는 특정 논제와 관련이 없는 것으로 여겨지는 다른 요인은 제외됩니다. 구축한 모델이 시스템의 본질에 대하여 총체적으로 적합한 설명이라는 허세를 부리는 경우는 없습니다. 모델은 오직 엄격히 제한된 목적만을 위해 존재합니다.

예를 들면, 광전효과에 대한 아인슈타인의 논의는, 빛의 파동같은 속성에 대해 전혀 설명해 줄 수 없었지만, 빛의 입자같은 행동을 보여 주었습니다. 보어의 수소원자 모델은 뉴턴의 설명에 임시적 규칙(각운동량에 대한 양자화)을 부과한 것이었습니다. 모델은 존재론적 정확성을 확보하려는 것이 아니기 때문에, 동일한 물리적 존재의 행동이 가지는 다양한 면들을 어느 정도 채택하기 위해 서로 양립할 수 없는 다양한 모델들을 동시에 사용하는 것이 가능합니다. 예를 들어, 핵물리학의 초기에 과학자가 산란 실험의 결과를 해석하기 위해 흐린 크리스탈 공을 핵의 모델로 사용했습니다. 그들은 원자의 핵분열을 해석하기 위해 액체의 낙하모델을 사용했고, 들뜬상태의 핵에너지의 준위를 이해하기 위해 독립입자모델(원자들에 대한 논의와 유사한 논법으로 원자핵을 개략적으로 다룬 것)을 사용했습니다.

모델은 어느 정도의 이해를 확보하기 위해서 분명히 유용하지만, 오랫동안 물리학자들은 연구 내용의 상호 모순적 설명에 의존할 수 없었습니다. 더 통합적인 설명이 발견되어야만 했습니다. 모델의 위기는 가장 중요한 하나의 포괄적 이론에 의해서 대체되어야 하는데, 이 이론은 존재론으로 진지하게 여겨질 수 있는 합리적 주장을 갖춘 설명을 말합니다. 이런 설명은 적어도 세부적 구조의 어떤 수준에서 정말 진행되고 있는 일에 대해 진실성이 있는 설명을 제공하는 작업에 상응합니다. 그러한 이론적 이해는 다양한 방식으로 달성될 수 있습니다.

기적의 해였던 1925년에서 1926년까지의 기간에 현대의 양자이론이 갑자기 타당한 논리적 견해가 되었을 시기처럼, 때로는 새로운 통찰이 놀랍도록 돌연히 나타납니다. 그러나 이론적 발전이란 그 특성상 연속되는 단계를 통과하여 단편적으로 조금씩 이루어집니다. 이러한 발전은 혼란스럽고 복잡한 방식으로 전개됩니다. 핵의 속성에 관한 이론을 발견하려던 초기의 시도는 동등한 퍼텐셜(potential)의 구성을 통하여 추진했는데, 힘을 묘사하는 하나의 방법으로써 사용한 것이었습니다. 이것은 일종의 혼합형 접근이었습니다. 즉 충분한 양자적 설명을 향하여 가는 도상에서의 절충안이었습니다. 퍼텐셜에 대한 구상은 원래 고전물리학에 속하는 개념이었기 때문에, 혼합형 접근은 다소 보수적 전략이 사용된 것이었습니다. 이러한 접근 방식은 더 좋은 방식이 독자적으로 나타날 때까지만 잠정적으로 중요하다고 볼 수 있습니다.

더 정확하게 다루려면, 핵의 과정을 묘사하기 위해 양자장이론(quantum field theory)의 활용이 궁극적으로 필요할 것입니다. 이것은 상호작용에 관한 전혀 다른 구상의 접근입니다. 장에서 들뜬상태의 교환에 의해 상호 작용 안에서 힘이 발생합니다. 여기서 이른바

'가상입자'에 의해 에너지와 운동량이 전이합니다. 고려해야할 필요가 있는 종류의 장은 연구의 여러 과정에 따라 다릅니다. 포함된 에너지가 아주 높지 않다면, 뉴클레온(nucleon)과 메존(meson) 같이 실험으로 직접 관찰한 입자는 그에 상응하는 장에서 충분히 행동합니다. 그러나 아주 높은 에너지의 상호작용에 관한 적절한 이론이 있다면, 더 깊이 있는 근거가 되는 구조에 대한 설명을 요구할 것입니다. 예를 들면, 쿼크-글루온 플라즈마(quark-gluon plasma)를 발생시키기 위해 특정한 환경 내에서 핵의 매우 높은 에너지 충돌이 일어난다고 믿고 있고, 이러한 현상을 이해하기 위해서는 양자색역학(quantum chromodynamics)이라 부르는 쿼크장이론에 대한 연구 능력이 필요합니다.

더 세부적 내용은 이 책에서 논의하기에 지나치게 전문적이지만, 핵심적 교훈은 분명합니다. 개념적 탐구는 깊이를 심화하고 보편성을 증대하는 단계를 통해 진행됩니다. 각 수준에서, 동기를 부여하는 기본적 근거에 의해 상호관계가 유지되고, 새롭게 형성한 개념을 통하여 더 넓은 관점과 설명력에 이르게 됩니다. 연구된 실재의 각 양상에 관해, 생산적 통찰을 배출해 낼 적합한 수준의 깊이와 보편성이 존재합니다. 결과적으로 훨씬 깊이 있는 근본적 설명이 증명된다면, 핵의 낮은 준위에서 '들뜬상태' 속성을 직접 유도하기 위한 양자색역학의 연구는 효율적 전략이 아닐 수도 있을 것입니다.

물리학이 주로 실험 중심적인 반면, 물질의 구조 내에서 쿼크의 수준을 발견한 이야기의 경우처럼, 때때로 근본적 범주에 대한 깊이 있는 이론적 재평가에서 발전이 옵니다. 이러한 재검토가 상대성 이론에서 아인슈타인의 위대한 발견을 있게 했고, 그 재검토는 공간, 시간, 중력의 특성에 관한 그의 심오한 개념적 재분석에서 나왔습니다.

B. 그리스도론의 탐구

신학적 사고, 특히 예수 그리스도의 의미와 본성에 대한 질문을 다루는 그리스도론에서 발전이 이루어지는 방법에서 유사한 이중성이 나타나고 있습니다.[37] 아래로부터의 그리스도론 논쟁이 있었는데, 이것은 예수의 인간적 삶에서 시작하는 논의를 말합니다. 만일 그 정의가 그리스도인들이 충분히 경험할 정도까지 실현된다면, 아래로부터의 그리스도론은 예수의 삶 속에서 신의 차원이 현존함에 대해 인식할 필요가 있다는 논쟁점을 제기합니다. 그리고 또한 위로부터의 그리스도론이 있었는데, 이 논의는 신의 말씀이 육신이 되었다는 확신(요한복음서 1:14)과 같은 것에서 시작했습니다. 위로부터의 그리스도론은 삼위일체의 제2격에 의해 신이 인간의 본성을 수용했다는 개념이 어떻게 모순 없이 선포될 수 있었는지에 관한 연구입니다. 초기 그리스도교의 생각에서는, 아래로부터의 그리스도론이 특히 안디옥(Antioch) 지역과 관계가 있는 사상가와 연결되었습니다. 반면에 위로부터의 그리스도론은 특히 알렉산드리아(Alexandria) 지역과 관계가 있는 사상가와 연결되었습니다. 과학에서 지적 훈련을 받은 사람에게 알렉산드리아의 사상보다는 안디옥의 사상이 훨씬 더 편합니다. 제가 하고자 하는 탐구도 주로 아래로부터의 그리스도론이 될 것입니다.

아래로부터의 그리스도론에서 근거로 삼아야 하는 기초적 증거의 일부는 이미 고찰했습니다. 특히, 부활의 문제는 분명히 그 중심에 있습니다. 저는 신학자 오컬린스 (Gerald O'Collins)의 주장에 동의하는데, 그에 의하면 '십자가에 달린 예수의 부활은 그리스도론의 가장 기초가 되는 해석의 단서가 되어야 합니다.'[38] 부활은 분명히 예수에 관해 절대적으로 유일한 무엇을 지시하지만, 부활 자체가 예수의 신성을 세워주는 것은 아닙니다. 신약성서가 보는 부활은 예수가 수행한 궁극적 기적이라기보다는, 원래 위대한 증명을 하는 신의 활동입니다. 로마서 1:3과 고린도전서 15:4에는 수동형으로 되어 있지만, 요한복음서 10:18에서 예수는 '나는 (내 생명을) 버릴 권세도 있고 다시 얻을 권세도 있다. 이것은 내가 아버지께로부터 받은 명령이다'라고 능동형으로 나타나는 것을 유념해야 합니다.

예수의 유일한 지위를 다루는 주제는 복음서의 다른 곳에서도 발견됩니다. 예수는 과거의 예언자들과는 달랐습니다. 예수는 단지 신에게 받은 메시지를 선포하는 것이 아니라, 직접 매우 권위있게 말합니다. 예수가 말하는 특징적 형태는 '주께서 말씀하시기를'이 아니라 '옛 사람들에게 말하기를 … 이라 한 것을 너희는 들었다(즉, 시내산에서 신이 모세에게) … 그러나 나는 너희에게 말한다'입니다(마태복음서 5장의 여러 부분에서 나타남). 예수가 치유할 때, 신의 도움을 기원하여 치유하기보다 오히려 직접 효력이 있는 말을 하며 치유하는 것도 특징입니다. 예수는 신의 특권을 행사하여 죄를 용서하였는데, 이것은 그 시대의 사람들을 분노케 하는 사건이 되었습니다(마가복음서 2:5-7).

다음의 두 가지의 주제는 요한복음서에 강력하게 표현되고 있습니다. 첫 번째 주제는 방법입니다. 이것은 예수가 사람들이 자신과 인격적으로 관계를 맺는 방법의 중요성을 강조한 것을 말합니다. 요한복음서에서 이것이 가장 선명하게 설정되어 있는 부분은 '나는 이다(*ego eimi*)'라는 말씀에 나타나는 위대한 내용입니다. 즉 '나는 생명의 빵이다'(6:14); '나는 세상의 빛이다'(8:12) 등이 있습니다. 공관복음서(마태복음서, 마가복음서, 누가복음서)에는 훨씬 더 언어상의 제한이 있습니다. 하지만 개인적 중요성에 관해 동일한 설명이 나타나는데, 예를 들면 다음과 같습니다. 예수가 제자들에게 말씀하실 때, '누구든지 너희들을 영접하는 사람은 나를 영접하는 것이요, 누구든지 나를 영접하는 사람은 나를 영접하는 것보다 나를 보내신 분을 영접하는 것이다'(마가복음서 9:37과 병행구) 또는 예수가 하늘의 지혜를 말씀하실 때, '수고하고 무거운 짐을 진 사람은 모두 내게로 오너라. 내가 너희를 쉬게 하겠다'(마태복음서 11:28). 최후의 만찬에서, 예수는 빵과 포도주를 자신의 몸과 피라고 하였고, 그 성찬예식을 계속 행하여 자신을 기억하라고 했습니다(마가복음서 14:22-25; 고린도전서 11:23-26). 이러한 말이 극도로 자기중심적인 것이 아니라면, 사건의 진실입니다.

요한복음서의 두 번째 주제는 예수가 단지 상황에 좌우되는 것이 아니라, 자발적 수용의 행동으로 그의 삶을 관리한다는 것입니다(요한복음서 10:17-18). 이 부분에 대응되는 공관복음서의 부분은 세 차례의 수난예고인데(마가복음서 8:31; 9:31; 10:33-34와 병행구), 예수가 마지막 시기에 예루살렘으로 갔을 때, 그에게 일어나게 될 일을 예수가 알고 있고 동시에 수용했다는 것을 예고하기 위한 것이었습니다. 신학자 다수는 이러한 예고가 복음서 기록자들에 의해 사건 이후에 예고된 것으로 생각하지만, 저는 그러한 판단을 받아들이고 싶지 않습니다. 정밀한 표현은 분명히 사후 지식의 영향을 받았겠지만, 예수는 그 결과가 무엇인지를 깨달았고 동시에 자신의 운명을 아버지이신 신의 손에 맡겼기 때문에, 종교 당국과 행정 당국의 강력한 반대를 알면서도 마지막 시기에 그가 예루살렘으로 가야만 했다는 것은 전혀 이상하게 볼 일이 아닙니다. 그 예고는 뒤따르는 결과를 예수가 수용했다는 것을 우리에게 보여주며, 종국에는 그 것을 입증하기 위해 예수가 신을 전적으로 신뢰했다는 것을 우리에게 보여주는 것이라고 저는 믿습니다. 오컬린스(O'Collins)는 수난예고가 예수 자신에게서 온 것임을 변증하기 위해 유효한 시사점을 제공했습니다. 그는 초대교회의 창작이라고 추측하는 식으로, 사건들을 '우리를 위하고 우리의 구원을 위한' 것이라고 설명해 주는 그럴듯한 겉치레의 해석은 수난예고에 전혀 포함되어 있지 않았다고 지적합니다.[39]

로빈슨(John Robinson)에 의하면, 마지막 요점은 예수의 지상의 삶에 관하여 주목해야 한다는 것입니다. 로빈슨은 복음서가 예수에 대한 종교적 죄의식이나 범죄의식을 전혀 서술하고 있지 않음을 지적했습니다. 이것은 바울 이후 그리스도교의 위대한 성인들의 특성을 설명해 주는 죄의식과 현저하게 대조를 이룹니다(예를 들어, 로마서 7:21-24). 로빈슨은 이것을 '놀라운 생략'이라고 불렀습니다.[40] 놀라운 생략은 예수가 유일하게 죄가 없는 삶을 살았다는 교회의 믿음을 증명하는 것이 아니라, 그 내용이 교회의 믿음과 모순이 없었다는 것을 분명히 증명합니다.

가장 초기의 그리스도인들은 나사렛 예수의 생애와 죽음과 부활의 중요성을 성찰하면서 자신들이 겪는 경험을 이해하는 데 도움이 되는 해석의 자료를 구약성서에서 찾았습니다. 예수의 생존 시기 그리고 교회의 초창기 역사에서 예수와 관련된 다양한 칭호는, 물리학에서 모델에 대한 현상학적 사용과 대응되는 부분입니다. '사람의 아들', '그리스도', '신의 아들', '주', '제2의 아담', '지혜'는 모두 구약성서의 희망과 기대의 관점에서 고려한 그리스도인의 근원적 경험이 지니는 면을 탐색하는 방식입니다. 호칭은 신의 구원의 목적에서 예수가 유일한 역할을 성취하는 분임을 지시하지만, 그 정확한 의미와 성취 방법에 관해 일관되고 정리된 설명을 표현하지 않습니다. 게다가, 이스라엘의 대망을 확실하게 기대하는 것처럼 보이지 않는 예수의 생애와 가르침과 관련해 교회가 이해하는 다른 면이 있었습니다. 비록 구약성서의 많은 참조사항을 포함하여, 죄와 악에서 구속, 희생 제물의 중요성, 그리고 사람의 마음에 새겨진 신의 평화와 은혜의 새로운 계약에 대한 기대가 있다고 하더라도, 신약성서가 강조하는 화해라는 주제가 (로마서 5:10-11; 고린도후서 5:18-20) 새로운 개념을 보여주는 것 같습니다.

오컬린스에 의하면, 화해는 '그리스도교 전의 유대교에서 유래하지 않은 신약성서의 유일한 것입니다.'[41] 유대교 학자 몬테피오레(Claude Montefiore)는 예수의 가르침에서 구약시대 예언자들의 선례가 없었던 다른 요소를 구별하고자 했습니다. 그것은 바로 회개하고 신을 향하는 사람을 영접할 뿐만 아니라, 능동적으로 광야에 나가 잃어버린 양을 찾는 신의 목자에 대한 묘사였습니다(마태복음서 18:12-14; 또한 에스겔 34:11-12).[42] 예수에 관한 이야기와 유대인의 메시아 대망 사이에 있는 아주 다른 불일치는 신에게 버림받은 십자가의 죽음이라는 예수의 수난입니다. 비록 그리스도인이 구약성서의 이사야서(53:1-12; 50:4-9)에서 수난받는 종의 묘사로 전환하였다고 하더라도, 이것은 일반적인 유대의 메시아 대망이 아니었습니다.

물리학에서와 마찬가지로 그리스도론에서도 다른 모델의 작품집이 오랫동안 만족을 주지 못했습니다. 그래서 이론적 기반을 조성하기 위해 더 야심찬 작업이 곧 시작되었고, 더 일관성있는 단위 속에서 이러한 통찰을 조화시켰습니다. 우리가 이미 살펴보았던 대로 물리학의 경우처럼, 그리스도론이 처음 시도한 이론 형성은 다소 보수적 경향이 있었습니다. 그래서 사전 예상에서 멀리 벗어나지 못했고, 사실상 포함되어야 하는 유일성과 새로움의 정당성을 충분히 확보하지 못한 것입니다.

초기의 시도는 양자설(adoptionism)이라고 부르는 주장에 대한 대응이었습니다. 양자설에 의하면, 예수는 탁월한 인물로서 신의 뜻에 전적으로 개방된 존재였고, 마침내 어떤 단계에서 하늘 아버지의 아들로 받아들여졌다고 묘사했습니다. 그래서 예수는 신의 구원의 계획 안에서 유일한 역할을 완성하기 위해 높임을 받았다는 것입니다. 이러한 종류의 이해는 그리스도교 최초의 공식적 설교에 해당하는 베드로의 오순절 설교에서 표현된 것 같습니다.

> 이 예수를 신께서 살리셨습니다. 우리는 모두 이 일의 증인입니다. 신께서는 이 예수를 높이 올리셔서, 자기의 오른쪽에 앉히셨습니다. 그는 아버지로부터 약속하신 성령을 받아서 우리에게 부어 주셨습니다. 여러분은 지금 이 일을 보기도 하고 듣기도 하고 있는 것입니다…. 그러므로 이스라엘의 온 집안은 확실히 알아두십시오. 신께서는 여러분이 십자가에 못박은 이 예수를 주님(Lord)과 그리스도(Messiah)가 되게 하셨습니다.(사도행전 2:32-3, 36)

이 설교에서는 부활의 사건이 입양의 시점으로 확인되지만, 다른 곳에서는 예수가 세례를 받는 시점에서 하늘의 음성에 의해서 예수의 승인과 소명이 이루어지는 것으로 보거나(마가복음서1:11과 병행구), 심지어 예수의 탄생 시점에서 입양이 이루어지는 것으로 보았습니다. 현대의 지지자가 없으면 양자설은 존재하지 않습니다.[43] 양자설은 예수를 전적으로 성령에 인도함을 받은 인간으로만 해석하는 영감적 그리스도론(inspirational Christology)과 유사합니다. 영감적 그리스도론에서 예수는 우리와 정도에서 다르지만 본질적에서 우리와 다르지 않은 인간 존재입니다. 그러나 그리스도교의 중심 사상은 곧바로 양자설을 부적절한 것으로 생각하였습니다. 한 가지 어려움은 신과 예수의 관계성을 묘사하면서, 높이 올릴만한 가치가 있는 것으로 발견된 인간을 극도의 편의주의적인 생각을 가지고 신이 이용하는 것처럼 보인다는 것이었습니다. 예수의 생애와 죽음과 부활이 신약성서와 그리스도인의 뒤이은 경험이 부여했던 구원의 의미를 가진다면, 모든 것은 분명히 처음부터 끝까지 신이 이룬 것이 틀림없습니다. 예수의 탄생은 마리아의 인간적 순종과 성령의 보호하심이라는 신의 행동이 화합된 결과였고(누가복음서 1:30-35), 누가복음서는 그리스도 안에서 이루어지는 신의 유일무이한 주도권이라는 메시지를 정확히 전달했습니다.

신의 목적이 있는 행동에 관해 신약성서의 가장 특징적 표현방법은 신의 아들을 '보냄'이라는 용어를 사용하는 데 있습니다(예를 들면, 마가복음서 9:37; 로마서 8:3; 갈라디아서 4:4). 이러한 개념을 이해하기 위해 곧바로 제기되는 질문이 있습니다. 신의 사전 결정이란 개념은 합당한 인간 존재가 있어야만 한다는 의미로 이해되어야 할

까요? 이미 존재하고 있는 존재가 인간의 삶을 취한다는 더 강력한 의미가 필요할까요? 여기서 이미 존재하고 있는 존재를 보낸다는 것이 더 자연스러운 해석으로 보입니다. 분명히, 요한의 복음서가 기록되었던 시대까지는, 이러한 사고방식이 강하게 드러났습니다. 요한복음서에서, 예수는 자신에 대해 신이신 아버지께서 보낸 사람이라고 말하고 있습니다(4:34; 5:23-24; 등등). 동시에 요한복음서의 서문은 신의 말씀이 태초부터 있었고, 그 말씀은 육신이 되어 우리 가운데 살았다고 했습니다(1:1과 1:14). 히브리서(1:1-4)에는 유사한 내용을 다른 언어로 표현하고 있습니다. 이미 존재했던 신의 아들의 성육신(incarnation)이라는 생각이 어떤 의미에서 형성되었는가의 문제는 그리스도론에서 매우 중요한 주제입니다. 즉, 무한한 말씀이 유한한 인간성을 취하는 문제입니다.

예수에게 유일무이한 지위를 부여할 필요성에 관해 초기의 반응 가운데 하나는 사실상 예수가 진정한 인간성을 취했다는 것과는 전혀 상반되는 형태를 띠고 있었습니다. 그것은 '가현설(docetism)'이라고 부르는 주장인데, 예수가 실제로는 영적인 존재였고, 인간이 됨을 단지 보여준 것이라 가정했습니다. 가현설은 이단이었습니다. 진정한 인간의 삶과 불가피하게 연관되는 제한을 예수에게 마지못해 부과해야하는 경우, 비록 대중적 그리스도교 신앙의 상당 부분이 어느 정도 가현설과 가까운 경향이 있었음에도 불구하고, 얼마가지 않아 지성의 존중을 계속 받을 수 없었습니다.

마치 1세기의 팔레스틴 사람들이 양자이론(quantum theory)에 관하여 아는 것처럼, 예수는 때때로 초인적 지식을 가졌습니다. 물론, 신의 말씀(the Word)에 의해 모든 것이 만들어졌으므로, 신의 말씀은 물리학의 진정한 본질을 알아야만 합니다. 그러나 만일 그 말씀이 정말로 육신을 취했다면, 인간의 유한성을 기꺼이 포용하면서 틀림없이 신의 모든 것을 아는 능력에 대한 자기 비움을 포함하고 있어야 합니다.

이러한 통찰은 '자기 비움의 그리스도론(kenotic Christology)'이라고 합니다. 이 용어는 비움에 해당하는 그리스 단어에서 유래된 것이고, 빌립보서 (2:5-11)의 내용으로부터 많은 영감을 받은 것입니다. 바울은 그리스도에 관하여 다음과 같이 말하고 있습니다.

> 그는 신의 모습을 지니셨으나, 신과 동등함을 당연하게 생각하지 않으시고, 오히려 자기를 비워서(*ekenosen*) 종의 모습을 취하시고, 사람과 같이 되셨습니다.

복음서에서는 가족의 관점(마가복음서 3:31-34)과 동시에 선교의 범위 관점(마가복음서 7:24-30)에서, 예수가 누구도 회피할 수 없는 의무와 관련된 갈등에 직면하고 있는 것으로 묘사됩니다. 요한문서는 고그리스도론(high Christology)에도 불구하고, 육신이 된 말씀의 실재를 강조합니다.

> 예수 그리스도께서 육신을 입고 오셨음을 시인하는 영은 다 신에게서 난 영입니다. 그러나 예수를 시인하지 않는 영은 다 신에게서 나지 않은 영입니다.'(요한일서 4:2-3)

여기에 신학적으로 중요한 논제가 있습니다. 앞에서 제안했던 대로, 그리스도의 사역(그리스도가 인류에게 구원과 새로운 생명을 가져다준 일)은 그리스도의 본성을 이해하는 핵심적 단서가 됩니다. 아주 처음부터 이러한 구원의 역할은 결정적으로 예수와 인간성의 일치에 달려 있다고 인식되었습니다. 그래서 예수는 진정으로 우리 가운데 한 분이고 우리와 관련되어 있으며, 또한 예수 안에 신의 삶이 유일하게 임재함이 필요합니다. 신의 활동만이 인간의 죄를 극복하고 동시에 우리 존재의 참된 근거인 신과의 소외를 극복하는 충분한 능력이 있습니다. 2세기의 이레니우스(Irenaeus)는 이러한 점을 매우 명확하게 설명했습니다.

> 한 인간 존재가 인간성의 적을 극복할 수 없었다면, 그 적은 올바

> 로 극복될 수 없었을 것이다. 반대로, 신께서 우리에게 구원을 주시지 않았다면, 우리는 그것을 영원히 받을 수 없었을 것이다. 모든 인간 존재가 신과 연결되어 있지 않았다면, 영원성을 함께 나눌 수 없었을 것이다. 사실, 신과 인간 존재 사이의 중재자 그리스도께서 우호와 친선을 가져왔고, 신께서 인간성과 인간 존재를 받아주시도록 그 자신을 신께 바쳤다.[44]

녹스(John Knox, 1514-1572)는 동일한 논지를 다음과 같이 표현했습니다.

> 우리와 같은 인간 존재가 아니셨다면, 그리스도가 어떻게 우리를 구원할 수 있었는가? 우리와 같은 인간 존재가 어떻게 우리를 구원할 수 있었는가? 더 나아가 신 자신 외에 누가 우리를 구원할 수 있겠는가? 우리와 같은 인간 존재를 통하는 것 외에 신이 어떻게 우리를 구원할 수 있겠는가?[45]

이러한 질문에 대해 만족스러운 답변을 하기 위해서는 예수 안에 있는 신성과 인성의 어떤 동시 작용이 필요합니다.

이러한 신학적 고찰 덕분에 그리스도교의 사상이 예수와 하늘 아버지 사이의 관계성을 어떻게 받아들여야 하는지 계속 설명할 수 있는 동기가 마련되었습니다. 예수에 관해 적절하게 말하려고 시도하면서 신의 언어와 인간의 언어를 수단으로 사용하였던 초창기의 교회가 느꼈던 보편적 압박감과 함께 이러한 신학적 고찰이 있었습니다. 녹스는 이러한 문제를 군더더기 없이 잘 요약했습니다.

> 가장 확실하게 기억된 인간 예수와 가장 확실하게 알려진 천상의 주님 – 그리고 예로부터 오랜 세월을 거친 그리스도론의 문제는 그 사실에 내재한다.[46]

비록 20세기에 그 중요성이 충분히 인식되었지만, 두 번째의 주요 신학적 논점이 있습니다. 나치의 유대인 학살의 결과, 신학자들이 이전보다 더 명확히 깨닫게 된 것이 있습니다. 세상의 고통의 문제가 요구하는 신이 자비로운 신이고, 창조의 고통을 목격하는 신이라면, 신은 세상과 분리되어 멀리 떨어져 있어서는 안됩니다. 신은 진정으로 세상의 고통을 나누는 친구가 되어야 합니다. 이미 우리는 십자가에 달린 신의 개념이 악의 혼란과 투쟁하는 현재의 신학을 위해 강력한 역할을 하는 방법에 주목한 바 있습니다. 그리스도의 십자가 속에서 신은 고통에 참여하는 친구로서 체포되었습니다. 고통과 죽음의 어둠 속에서 신의 참된 나눔이야말로 창조의 기묘함을 이해하려는 과제에 대해 가장 심오하고 가능한 응답입니다.[47] 십자가와 부활은 모두 희망의 근거이자 궁극적 확증을 만들어냅니다. 그 희망과 확증은 마지막 말씀이 신과 함께 있을 것임을 의미합니다. 그리고 신은 창조한 세상의 고통에 전적으로 참여합니다. 그것에 의해 신은 창조한 세상의 고통을 구합니다. 이러한 심오한 통찰은 신이 구원과 연대의 위대한 행동을 함으로써 진정 '그리스도 안에' 존재함을(고린도후서 5:19) 이해합니다. 오직 완전한 성육신의 그리스도론만이 고통에 대한 신의 응답이 요구하는 깊이에 도달할 수 있습니다.

그리스도론의 이론화 작업에서 그 다음의 중대한 시도는 3세기의 후반에 그리스도의 본성에 관한 생각을 하면서 신성과 인성 사이의 타협 지점을 찾는 시도에서 나타났습니다. 아리우스주의(Arianism)는 그리스도를 최초의 피조물로 이해했습니다. 이 주장은 종속의 의미에서 그리스도를 신의 아들로 인정하고, 창조주와 피조물의 생명 사이에 중재 역할을 완성하는 신의 아들로 인정했습니다. 아리우스주의는 요한복음서의 '아버지는 나보다 크시다(14:28)'와 같은 본문에 의존했습니다. 그러나 이 본문은 예수가 진정한 인간 삶의 필수적 제한에 관해 자기비움을 수용하는 것으로 해석해야 합니다. 또한 아리우스주의는 골로새서의 '모든 피조물보다 먼저 나신 분(1:15)'에 주목했습니다. 그러나 아리우스주의에 반대하는 사람은 창조 질서와 관련하여 그리스도가 가진 최고의 중요성을 강조하기 위해 사용했던 어법으로 생각했습니다(바울 서신에서 분명히 주요한 주제였습니다). 알렉산드리아의 아타나시우스(Athanasius of Alexandria)가 항상 강력히 반대하였음에도 불구하고, 한동안은 아리우스주의가 그리스도교 세계 내에서 발전하였습니다. 그러나 결국 아리우스주의자는 패퇴하였습니다. 그들의 사고에서 큰 약점은 인간의 삶과 신의 삶 사이에 있는 구원의 연결을 파괴한 것에 있었습니다. 일종의 반신반인에 관한 설명은 인성과 충분한 관계가 없었고, 신성과도 충분한 관계가 없었습니다. 인성은 인간의 필요한 것들과 관련되고 신성은 진정으로 신의 능력만이 이룰 수 있는 구원과 관련됩니다.

공식적으로 아리우스주의자들의 신학적 패배는 325년 니케아 공의회에서 이루어졌습니다. 그 회의에서 성부와 '하나의 본질'인 그리스도를 선포함으로써 그리스도의 신성이 확인되었습니다. 그러나 381년 콘스탄티노플에서 열린 제2차 공의회에서 더 명료해지기까지, 그리스도교 공동체 내에서 논쟁과 의견의 불일치는 계속되었습니다. 아버지와 아들의 신적 본질에서 일치를 주장하기 위해 사용된 그리스어 단어는 호모우시오스(*homoousios*)입니다. 이것은 '동일한 본질'을 의미합니다. 호모우시오스는 발음상 비슷하지만 신학적으로 다른 단어인 호모이우시오스(*homoiousios*)와 대조됩니다. 호모이우시오스는 '유사한 본질'을 의미하고, 반-아리우스주의자(semi-Arians)로 불리는 사람들이 아버지와 아들 사이의 분명한 구별을 유지하는 수단으로 선호했습니다. 그러나 대다수의 사람은 호모이우시오스가 적절하지 않다고 여겼습니다. 일부는 신약성서에 나타나지 않는 '호모우시오스' 같은 철학적 용어를 사용하는 것을 우려했습니다. 신학자들은 직접 체험 속에서 이루어진 성서의 언어를 넘어야 하는 일이 필요함을 발견했고, 동시에 논의를 위해서 더욱 철학적인 어조를 채택하는 일이 필요함을 발견했습니다. 이것은 마치 물리학 이론의 언어(양자장, 끈)가 실험적 관찰에 관한 현상학적 담론(에너지 준위, 다중합)을 넘어야 하는 일과 다름없습니다.

니케아 신조와 콘스탄티노플 신조에서 그리스도의 신성이 확인되었고, 그리스도의 참된 인성이 일관되고 분명하게 확인되었습니다. 신성과 인성에 대한 구원론적 이중성은 모두 적합한 그리스도론의 사고를 위해 핵심적인 것으로 보였습니다. 정통교리의 후속 논의에서는 (성서와 교회의 근본적 증언과 일치하는 내용으로 교회가 수용함), 어떻게 무한한 신성과 유한한 인성이 단일 인간 안에 함께 존재할 수 있는가의 패러독스와 씨름해야만 했습니다.

그리스도교에 수용될 것으로 보이지 않았던 이러한 문제를 다루기 위해 다양한 이론적 시도가 있었습니다. 아폴리나리스주의(Apollinarianism)는 신의 말씀이 그리스도 안에 있는 인간 영혼을 취했다고 제안했습니다. 그러나 이것은 예수의 완전한 인성을 적절하게 유지할 수 없는 것으로 밝혀졌습니다. 네스토리우스주의자는 독립적인 방식으로 인성과 신성을 나란히 위치시키고자 했습니다. 그래서 예수가 사마리아의 우물가에서 여인을 만났을 때, 예수의 인성은 피곤하고 갈급했지만, 그녀의 과거사를 분별한 것은 예수의 신성이었다는 것입니다(요한복음서 4:5-26). 네스토리우스주의는 거부되었습니다. 왜냐하면 너무 분리해서 그리스도의 통합된 인격에 대해 편견을 갖게 하기 때문입니다.

유티케스(Eutyches)의 추종자들은 신성과 인성을 혼합하려고 시도했습니다. 그러나 그들은 단지 예수를 괴이한 일종의 켄타우로스(반은 인간이고 반은 말인 그리스 신화 속의 존재)로 만든 셈이었습니다. 451년 칼케돈 공의회는 유명한 신조의 틀을 구성했습니다.

> 한 분이시고 동일하신 그리스도는 신의 아들이시요, 주님이시요, 독생자이시다. 두 본성을 지니셨는데, 섞이지 않고, 바뀌지 않고, 나뉘지 않고, 갈라지지 않는다. 구별된 본성은 하나됨에 의해서 결코 사라지지 않는다. 두 본성의 특성은 보존되고 하나의 위격과 본체로 화합된다.

칼케돈의 논리형식은, 한 사람 속에 두 본질이 있다는 것입니다.

이 형식은 그리스도론의 문제를 그 자체로는 풀지 못했지만, 그리스도인의 그리스도 체험과 모순이 되지 않았다면, 교회가 찾아야 할 필요가 있었던 설명이었습니다. 오컬린스는 칼케돈 이후의 상황에 대해 다음과 같이 요약했습니다.

> 알렉산드리아 학파와 안디옥 학파의 관심과 통찰을 종합해보면, 칼케돈 신조는 처음 세 공의회에 대한 '논리적' 결론을 제공하였다. 아리우스주의에 반대하여, 니케아 공의회는 호모우시오스(*homoousios*)라는 용어를 사용하여 '그리스도는 신이다'를 확인했다. 아폴리나리스주의에 반대하여, 콘스탄티노플 공의회는 '그리스도는 인간이다'를 확인했다. 네스토리우스주의에 반대하여, 에베소 공의회(431년에 개최됨)는 그리스도의 두 본성 (그리스도의 인성과 그리스도의 신성)이 분리되지 않음을 공언하였다. 유티케스에 반대하여, 칼케돈 공의회는 한 인격에 속하면서, 두 본성은 합해지거나 섞이지 않음을 고백하였다.[48]

교부들은 이런 식으로 그리스도론의 수용가능한 논의를 포함하기 위한 영역을 정했습니다. 이어지는 정통교리적 논의는 1900년과 1925년 사이의 물리학자들의 논의 속에도 여전히 남아있었고, 물리학자의 경험은 빛의 입자-파동 이중성의 설명을 포함하도록 만들었습니다. 이 당시에는 어떻게 논리적으로 모순이 없이 그렇게 될 수 있는가를 설명할 깊이 있는 물리적 이론을 가지지 못한 상태였습니다. 경험 때문에 그리스도교의 사상가도 그리스도의 신성-인성 이중성의 설명을 포함하지 않을 수 없었습니다. 역시 이것도 어떻게 그렇게 될 수 있는가를 설명할 깊이 있는 신학적 이론을 가지지 못한 상태에서 일어난 일이었습니다. 양자장이론의 상대가 되는 그리스도론의 이론은 여전히 발견되어야 할 대상으로 남아 있습니다. 부정의 신학(apophatic theology)이 주는 경고에 의하면 이것은 필연적인 것 같습니다. 경험의 어떤 부분을 쉽게 포기하는 것으로 발전이 이루어지지 않는다는 것을 알면서도, 때로는 경험에서 얻은 기묘함을 지성의 잇몸으로 물고 있어야만 하는 때가 있을 수 있습니다.

미해결 패러독스와 함께 살아가는 것이 편한 상황은 아닙니다. 양자물리학에도 측정문제 같이 해결되지 않은 질문들이 있습니다. 사실, 보어(Niels Bohr)는 누구든지 양자물리학을 완전하게 이해했다고 주장하면 그것은 단지 그 사람이 양자물리학이 무엇에 관한 것인지 제대로 이해하기 위해 시작도 하지 못했음을 보여주는 것이라고 말한 적이 있습니다. 그에 앞서 템플(William Temple) 주교는 다음과 같이 말했습니다.

> 만일 누구든지 그리스도 안에 있는 인성과 신성의 관계를 이해했다고 말하면, 성육신이 의미하는 것을 전혀 이해하지 못하고 있음을 분명하게 보여줄 뿐입니다.[49]

보어는 두 종류의 진리가 존재한다고 말했습니다. 하나는 평이한 진리인데 이것은 반대편을 포용하면 명백하게 불합리한 것이 됩니다. 다른 하나는 심오한 진리인데, 이것은 반대편도 역시 심오한 진리라는 사실을 인정하는 것입니다. 과학이나 신학에서, 패러독스로 보이는 핵심적 사항이 있습니다. 하나는 경험이 강제해야 한다는 것이고, 다른 하나는 억제되지 않고 추측에 근거한 충동에서 받아들이지 않아야 한다는 것입니다.

베일리(Donald Baillie)는 그리스도론을 다룬 저서에서 그리스도인 삶의 '중심 패러독스(Central Paradox)'라고 불렀던 것을 지적했습니다. 베일리는 우리의 삶과 행실에 대해 책임을 져야한다는 신념을 언급하고 있었습니다.

> 인간의 삶이란 한 사람의 그리스도인으로서 선한 것은 무엇이든지 자신의 것이 아니라 신의 것이라고 말할 수 있는 그 순간보다 더 진실하고 완전하게 인격적일 수는 결코 없다. 그런 순간보다 더 깊이 자유로움을 느낄 수는 결코 없다.[50]

바울은 빌립보 교회의 성도들에게 권면할 때, 유사한 생각을 표현했습니다.

자기의 구원을 이루어 나가십시오. 신은 여러분 안에서 활동하셔서, 여러분으로 하여금 신을 기쁘게 해드릴 것을 염원하게 하시고 실천하게 하시는 분입니다.(빌립보서 2:12-13)

베일리가 제안한 바에 의하면, '우리 그리스도인의 삶 속에 파편의 형태로 있는 이러한 패러독스는 성육신 속에서 이루어진 인간과 신의 완전한 연합에 관한 성찰입니다. 모든 그리스도인의 삶은 성육신 사건에 근거해 있습니다. 그러므로 그 패러독스는 성육신 사건을 이해하기 위한 최고의 단서가 됩니다.'[51] 과학자라면 이해를 추구하는 최고의 전략으로 경험에 도움을 청하는 생각에 공감하지 않을 수 없습니다.

2 정의불가성: 무지의 구름

실재가 허용하는 것보다 더 큰 명확성을 추구해서는 안됩니다.

A. 파동-입자 이중성

어떻게 양자장이론이 명백히 상반되는 파동과 입자의 행동을 조화시켰는지에 관해 약간 더 자세히 이해할 필요가 있습니다. 이러한 가능성은 파동같은 속성에 반응하는 상태가 정의불가능한 수의 입자들을 포함하고 있다는 사실에서 발견되었습니다. 이는 물론 뉴턴의 물리학에 적용할 수 없는 속성입니다. 왜냐하면 뉴턴 물리학이 지니는 명확하고 결정적인 수식 내에서는 단지 특정한 수의 현재 입자가 있어야 하고(보고 셀 수 있음), 그렇게 되어야 합니다. 그러나 양자물리학은 중첩원리(the superposition principle)에 의해 고전물리학에서는 성립하지 않는 가능성을 추가 할 수 있습니다. 그 결과 하나의 상태가 다른 수의 입자 혼합물로 구성될 수 있습니다. 이것은 현재 고정되거나 정의된 수가 전혀 나타나지 않은 상태에서 이루어진 것입니다. 양자세계의 존재론적 유연성이 가지는 파동함수의 설명은 지속적 실제성보다 현재의 실현가능성을 표현하고, 결론적으로 내재된 정의불가성의 요소와 통합합니다. 존재론적 유연성이 파동-입자의 이중성이라는 패러독스를 해소해 줍니다.

B. 그리스도론 이중성

신학은 양자이론적 생각의 사례를 진지하게 생각할 수 있을 것입니다. 그리스도교의 교회는 아폴리나리스주의(Apollinarianism)와 네스토리우스주의(Nestorianism)가 서로 다른 방식으로 제기한 분명한 분리라는 쉬운 해결책을 부정했습니다. 그리고 교회는 더 미묘하고 덜 명확한 칼케돈 신조를 긍정했습니다. 신비로운 정의불가성을 일정 정도 받아들이는 자세는 양자물리학자에게 전혀 낯설어 보이지 않는 입장입니다.

3 사고의 장난감

단순화한 개념 구조는 생각의 가능한 체계를 탐색하는 데 도움이 될 수 있습니다.

A. 사고실험

물리학자들은 때때로 새로운 개념이 적용될 수 있는 고도로 단순화하고 이상적 상황을 구성하는 마음의 훈련을 통해 새로운 개념의 본질에 관한 통찰을 얻고자 합니다. 가장 유명한 '사고실험(thought experiments)'은 현대 양자이론의 초창기에 아인슈타인(Albert Einstein)과 보어(Niels Bohr)사이에 있었던 일련의 만남에서 나왔습니다. 아인슈타인은 양자이론의 생각이 전개하는 방식을 믿지 않았습니다. 그래서 그는 일련의 체계적 측정 절차를 생각하고자 했습니다. 그것은 원칙적으로 하이젠베르크의 불확정성원리와는 모순이 됨을 증명하는 것이었습니다. 아인슈타인의 제안 때문에 보어는 며칠간 잠을 이루지 못하였습니다. 명백한 법칙 위반은 불확정성의 제한성을 완벽하게 적용하지 못했기 때문임을 결국 보어가 증명했습니다. 마침내 아인슈타인은 이 논쟁에 대한 패배를 시인해야 했지만, 사고실험에 근거한 논증은 양자법칙의 유용한 설명을 제공하는 역할을 했습니다.

B. 종말의 그림

죽음을 넘어서는 운명에 관한 그리스도교의 희망은 종말론적 기대와 관련된 틀을 가지고 있습니다. 여기서 종말론적 기대란 현재의 '옛 창조'가 신의 '새 창조'로 변환될 것임을 말합니다. 일시적이고 쇠퇴하는 세계는 영원히 사라지게 될 것입니다. 새로운 세계는 우리가 현재 경험하는 세계와는 아주 다릅니다. 그런 세계에 관해 적합한 묘사를 하기란 현재 인간의 사고력을 넘는 일입니다. 그러나 신약성서(예를 들면, 요한계시록 21:1-4; 22:1-5)와 그 이후의 그리스도교의 문서는 이러한 희망에 관해 어떤 상징적 표현을 제공하려고 했습니다. 역사의 종말에 관한 시간표를 제공하려는 것이 그 의도가 아닙니다. 또한 천상의 지리에 관한 지도를 제공하려는 것도 아닙니다.

그것은 그리스도교의 희망이 가지는 개념적 내용과 통일성을 겸손하게 탐구하는 신학적 사고실험으로 고려될 수 있습니다. 상징적 표현은 또한 장차 올 세계의 구원받은 삶에 관한 그림을 제공하고 있습니다.[52]

4 주요 개정작업

새로운 경험이나 더 깊은 통찰의 압력을 받으면, 오랫동안 지켜진 확신은 근본적 개정을 요구할 수 있습니다.

A. 물리적 결정론과 물리적 비결정론

두 세기 동안 뉴턴(Issac Newton)의 물리학적 생각의 수학화는 방정식 내에서 표현되었습니다. 초기 조건의 규정에 의해 방정식의 해는 유일하게 결정되었습니다. 이러한 영향으로 다수의 사람은 빈틈없이 결정된 과정의 시계 장치 같은 우주관을 소유하게 되었습니다. 그러나 20세기의 물리학은 단순한 기계론적 세계관의 종말을 보았습니다. 그러한 결과는 자연 내에 있는 본질적 예측불가능성의 발견에 의해 일어났습니다. 이 예측불가능성은 처음에 원자 현상의 수준에서(양자이론) 발견되었고, 그 다음으로는 일상 현상의 수준에서(카오스이론) 발견되었습니다.

예측불가능성은 인식론적 속성입니다. 인식론은 알 수 있는 것과 관련됩니다. 그리고 예측불가능성은 형이상학적인 논의와 결정을 위한 문제입니다. 그 논의와 결정은 그 사건이 실제로 무엇인지를 설명해주는 것으로써, 존재론적으로 해석할 수 있는 방법에 관한 것을 말합니다. 예측불가능성은 단순히 불가피한 무지라고 하는 불행한 문제로 이해되어야 할까요? 아니면 예측불가능성은 구성 요소 사이의 에너지 교환이라는 과학적 이야기를 초월하는 인과적 요인의 영향력에 대한 개방성의 표지로 이해되어야 할까요? 물리적 과정은 이전 세대의 물리학자들이 가정했던 것보다는 분명히 더 이해하기 힘든 것으로 증명되고 있습니다. 그래서 우리는 더 유연한 물리적 과정을 믿는 것에 관한 형이상학적 취사선택권을 가질 수 있습니다.

메타과학적 중요성의 세부사항과 관련된 논쟁이 계속 진행되는 동안(예를 들면, 구별불가능한 실험적 결과들을 가지고 양자이론에 대한 결정론적 해석이 있었고 그와 다른 비결정론적 해석이 있었음)[53], 실재의 인과적 구조의 인식 형성과 관련된 과학의 공헌에 관해 20세기의 과정을 거치며 근본적 재평가가 분명히 있었습니다. 어떤 사람은 물리학이 실제로 우리에게 알려 줄 수 있는 것이 무엇인지 매우 심각하게 고려했습니다. 어떤 사람은 여전히 진정한 생성(becoming)의 세계를 믿고 있습니다. 이 세계 내에서 미래란 단지 과거의 불가피한 결과가 아닙니다. 과학이 말해주어야 하는 것을 주의 깊게 평가해 본다면, 과학은 인간의 경험과 모순되지 않음을 보여줍니다. 왜냐하면 물리학은 그 자체의 고유한 용어에 근거해 세계의 인과관계의 결론을 확립하지 않았기 때문입니다. 그렇다면 물리학은 신의 섭리작용의 가능성을 부정하는 데 사용될 수 없습니다.[54]

B. 신과 시간

사람들은 때때로 신학이 어떤 형식의 재평가도 받으려 하지 않는다고 비판합니다. 그러나 개정의 속도가 과학 보다 빠르지 않을 수는 있지만, 신학이 과거의 생각에 변하지 않는 상태로 묶여 있는 노예로서 고정되어 있다는 생각은 큰 실수가 될 것입니다. 시간과 신의 관계성을 생각하는 방법에 대한 최근의 재평가 작업을 보면 신학이 과거 개념의 노예가 아니라는 것을 잘 알 수 있습니다. 고전 신학에서 서방의 보에티우스(Boethius)와 아우구스티누스(Augustinus)가 시작했고 중세 시대에 아퀴나스(Thomas Aquinas)가 전개했고, 종교개혁 시대에 칼빈(John Calvin)같은 사상가가 설명한 신의 본성은 전적으로 무시간적이었습니다. 말하자면 신은 완전히 시간의 외부에 있으면서 창조의 역사 전체를 내려다보고 있다는 것입니다. 신은 모든 것을 동시에(*totum simul*) 봅니다. 이러한 견해에 따르면, 신은 자유로운 피조물의 행동에 관해 선견지명이 아니라, 지식을 가지고 있었습니다. 왜냐하면, 창조된 시간의 모든 순간은 영원한 신성과 동등하게 동시적이라고 가정했기 때문입니다.

신의 영원성이라는 상보적 실재를 부정하지 않는 한편, 시간의 실재와 신의 연관성을 마음 속에 그리는 방향에서, 다수의 현대 신학자가 근본적 개정작업을 제안하는 세 가지의 생각이 있습니다. 이러한 움직임의 첫째 동기는 과학적 발견에 있습니다. 즉 과정의 특성에 대한 물리학의 실제 지식은 참된 생성의 세계에 대한 설명과 모순되지 않는 것으로 해석하는 과학적 발견을 의미합니다. 열린 우주에서, 신의 상호작용의 섭리는 역사적으로 미래를 발생시키는 유효한 부분이 될 수 있습니다. 만일 세계의 특성이 그렇다면, 신은 분명히 대상의 진정한 본질과 조화 속에서 인지하기 때문에, 창조의 사건이 연속된다는 것을 신이 알고, 그 연속 안에서 창조의 사건도 알려질 것입니다. 이것이 신과 시간의 진정한 연결을 보여줍니다. 물론, 신은 피조물처럼 시간에 속박되어 있지 않습니다. 그래서 이러한 새로운 신학은 신의 본성 안에서 영원성과 시간성 모두의 현존을 찾는 양극견해(dipolar view)를 취합니다.

두 번째의 생각은 양극견해를 지지하면서, 신에 관한 성서의 묘사에 도움을 청하는 것입니다. 성서에서 신은 이스라엘의 시간 무제약적 역사와 동시에 성육신이라는 시간 제약적 에피소드에 깊이 관련되어 있습니다. 더 나아가 영원히 변함없는 신의 성실한 사랑에 모든 피조물이 의지할 수 있는 신이 됩니다.

세 번째의 생각은 고전 신학에 대한 비판론과 관계됩니다. 여기에서는 고전 신학의 사고방식이 신의 초월성에 지나치게 강조를 하고 있음을 비판하는 것입니다. 고전 신학은 신을 피조물에서 전적으로 분리된 분으로 받아들였습니다. 그래서 고전 신학은 사랑의 신이 그 사랑의 대상이 되는 피조물의 세계에 내재적으로 현존해야 함을 인지하는 데 실패했습니다.[55] 시간과의 연결이라고 할 수 있는 신의 내재적 현존을 인지하는 데에도 실패했습니다. 시간 그리고 영원과 맺는 신의 관계성에 관한 양극개념은 현대 신학의 논증을 위해 중요한 주제입니다. 신학적 사고가 개념적 수정이라는 위험의 감수를 꺼리지 않는다는 것을 이러한 활기찬 논쟁이 확실히 보여줍니다.

통합된 관계성에 기반한 이해를 탐구하면서 생각은 더 심오한 영감을 얻습니다.

A. 대통일이론

현대 물리학의 역사는 물리적 세계에 관한 개념적 이해의 과정에서 더 넓은 보편성과 더 깊은 일치성을 추구하는 지속적 질문과 관련해서 설명될 수 있습니다. 통일의 시도는 아리스토텔레스의 생각에 반대했던 갈릴레오의 확신이 있었던 시대에 시작되었습니다. 그때 갈릴레오의 확신은 지상에 존재하는 것을 구성한 동일 물질로 천체가 구성되어 있다는 것이었습니다. 지상의 물리학은 천상의 물리학과 동일합니다. 이 통찰은 뉴턴(Issac Newton)이 중력을 발견하고 확인하면서 승리를 거두었습니다. 뉴턴의 발견에 의하면, 사과를 떨어지게 하는 힘과 동일한 힘이 지구 주위의 궤도 안에서 달에게도 적용된다는 것이었습니다.

그 다음으로 통일의 단계는 19세기에 있었습니다. 처음에 전기와 자기는 서로 다른 것으로 여겨졌습니다. 그러나 외르스테드(Hand

Ørsted)와 패러데이(Michael Faradya)의 실험 발견에서 전류와 자기장 사이에 어떤 직접적 연결이 있음이 증명되었습니다. 이 연결의 특성은 1873년에 맥스웰(James Clerk Maxwell)이 '전기와 자기에 관한 논문'을 발표하면서 분명해졌습니다. 이 논문은 전자기에 관한 통일이론을 증명했는데, 그것은 변치 않는 진가를 입증했고, 이론물리학의 전체 역사에서 가장 찬란한 업적 중의 하나였습니다.

그 다음으로 이론을 통일했던 위대한 발전은 전자기이론과 약핵력의 만남에서 이루어졌습니다. 약핵력은 베타붕괴 같은 현상의 원인이 되며, 방사성 핵에 의해 전자가 방출되는 것입니다. 처음에는 묶어서 생각하는 것이 극히 어려워 보였습니다. 왜냐하면 그 이름에서 보여주듯이 약력은 전자기력보다 훨씬 더 약하고 전자기적 현상에서는 나타나지 않는 고유한 분자 대칭성을 나타냈기 때문입니다. 그럼에도 불구하고 1960년대 후반에 와인버그(Steven Weinberg)와 살람(Abdus Salam)이 통일약전이론을 독립적으로 만들었습니다. 이것은 이론의 모순이 없고 실험의 성공으로 증명되었습니다.

그 다음의 바람직한 단계는 당연히 강핵력과 중력(지금까지는 자연에서 가장 약한 기본적 힘으로 알려져 있음)을 포함하는 통합이 되어야 합니다. 그러한 대통일이론(Grand Unified Theory, 약자로 GUT)을 수립하는 것은 지금까지 어렵다고 증명되었고, 대통일이론을 찾으려는 시도는 논쟁 가운데 있지만, 설득력이 전혀 없지는 않습니다. 현재 가장 선호되는 후보는 초끈이론(superstring theory)입니다. 하지만 그 이론을 받아들이는 것은 수학적 사고에 근거한 이론가가 직접 실험에서 경험하는 것의 10^{16}정도 작은 수준에서 자연의 특성을 다시 추정할 수 있다고 믿는 믿음에 달려있습니다. 그러한 무모한 모험을 권장하는 것이 역사의 교훈은 아닙니다. 일반적으로 실험을 해야만 이론가가 생각하는 대상을 자연은 숨겨 지니고 있습니다.

결과적으로 증명되는 것이 무엇이든지, 저를 포함한 많은 물리학자는 어떤 형식의 대통일이론이 결국 발견될 것이라는 일반적 희망을 마음에 품고 있습니다. 물리학의 근본적 일치에 대한 믿음은 우리가 살펴보았던 과거의 경험이 권장할 수 있는 것입니다. 과학자에게 깊은 호소력을 갖는 우주과정의 통일성에 관한 형이상학적 확신도 그런 믿음을 지원하고 있습니다. 물리학자의 이러한 믿음의 행위가 한 신의 무모순성에 관한 신념을 성찰하는 일이라고 신학자가 느끼는 것도 당연합니다. 신의 뜻은 창조된 우주가 가지는 질서의 기원에 해당됩니다.

B. 삼위일체신학

물리학자의 대통일이론에 대한 신학의 상대는 삼위일체론입니다.[56] 1세기의 그리스도인은 교회의 경험과 이해를 성찰하면서, 세 가지의 근본적 방법으로 신을 알고 있었다고 인지했습니다.

하늘의 아버지(성부)가 계셨습니다. 성부는 우주의 창조주이며 시내 산의 짙은 어두움과 구름 속에서 모세에게 율법을 주신 분입니다. '우리 위에 계신 신'이라고 말할 수 있습니다.

성육신한 아들(성자), 예수 그리스도가 계셨습니다. 그분은 인성을 공유하셨고 인성을 구원하셨습니다. 성자는 팔레스틴에서 인간의 삶을 통해 가장 평이하고 가장 잘 이해할 수 있는 용어로 신의 뜻과 본성을 알려 주었습니다. '우리 곁에 계신 신'이라고 말할 수 있습니다.

거룩한 영(성령)이 계셨습니다. 성령은 인간의 마음 속에서 일하시는 신의 현존입니다. 개인적 성격과 필요에 알맞는 은사를 주십니다(고린도전서 12:4-31). '우리 안에 계신 신'이라고 말할 수 있습니다.

신은 세 가지 방식으로 계시되었습니다. 그러나 초기의 그리스도인도 유대교에서 물려받았던 확신 즉 신은 한 분이라는 확신을 굳게 지켜야만 함을 알고 있었습니다. 세계 안에서 일하는 유일한 신의 뜻과 목적이 존재합니다. 신의 드라마에는 '창조'와 '구원'과 '성화'라는 세 가지 막이 있었습니다. 그리스도교 내에서 대부분 성부, 성자, 성령에 창조, 구원, 성화를 각각 연관시켜서 말하지만, 오직 유일한 지은이가 존재합니다. 4세기에 이르러 이러한 다양한 통찰 사이에서 오는 긴장과 투쟁 때문에 결국 삼위일체교리가 생겼습니다. 삼위일체교리는 유일한 참된 신이 세 위격 사이에서 이루어지는 사랑의 주고받음으로 이해합니다.

그리스도인의 경험이 거룩한 삼위일체의 믿음에 동기를 부여했음을 인지하는 것이 중요합니다. 거룩한 삼위일체는 깊은 신비의 문제에 관해 단지 경솔하고 근거 없는 형이상학적 사색에서 나온 것이 아닙니다. 신학자가 '경륜적 삼위일체(the economic Trinity)'라고 부르는 것은 탁월합니다. 이것은 아래로부터의 논증에 근거가 있고 그 기초가 있습니다. 경륜적이란 형용사는 그리스어 '오이코노미아(*oikonomia*)'라는 말에서 유래된 것입니다. 그 의미는 집안의 일을 관리하는 질서와 관련되어 있고, 이 경우 신이 창조한 세계에 대한 관리를 의미합니다. 성부가 신뢰하는 경험은 단지 위대한 계시적 사건인 창조, 성육신, 오순절의 능력위임에서만 오는 것이 아니라, 교회의 일상적인 예배생활에서 오는 것입니다. 그것은 성령의 능력 안에서 성자를 통하여 성부에게 기도하는 것입니다. 그 특성이 찬양의 영광송 속에 ‘영광이 성부와 성자와 성령께’라고 남아 있습니다.

신 존재의 신비에 관한 아래로부터의 접근은 신학적 실재론을 긍정하는 것에 근거합니다. 신학적 실재론이란 신의 거룩하신 실재와의 만남이 신뢰할 만하며 오도하지 않는다는 확신입니다. 그러한 신앙은 20세기 로마 가톨릭 신학자 라너(Karl Rahner)에 의해 다음같이 표현되었습니다.

> 경륜적 삼위일체(경험한 신)는 내재적 삼위일체(immanent Trinity, 신성의 신비 안에 있는 신)이다.

그리스도론에서와 마찬가지로, 삼위일체 신학에서도, 아래로부터의 접근은 위로부터의 개념적 분석에 의해 논의를 완성하려는 시도로 이어집니다.

두 가지 제약조건에는 어떤 한계 내에서 삼위일체에 관한 모든 정통교리적 사고가 포함되어 있습니다. 한 제약조건은 ‘양태론(modalism)’이라고 부르는 이단에 대한 거부입니다. 양태론은 성부와 성자와 성령은 단지 신의 다른 면을 보여 주는 이름표에 불과하다는 주장입니다. 즉 신 존재와 만남의 다른 양태를 지시해주는 수단이라는 것입니다. 교회는 양태론이 계시적 만남의 실제 특징이었던 위격 사이의 구별에 대해 충분하지 못한 인식이라고 생각했습니다. 예수의 세례(마가복음서 1:9-11과 병행구)에 관한 설명이 중요한 사례를 제공합니다. 해당 본문에서 하늘에서 성부의 소리가 성자의 부름을 확인하고, 성자 위에 성령이 비둘기의 형태로 내려옵니다. 매우 중요한 이 사건 속에 포함된 역할의 구별은 위격이란 단지 구분할 수 없는 신을 단지 다른 방식으로 바라보는 것이 아님을 입증합니다. 진정한 관계에 필요한 것은 진정한 구분입니다. 성부는 성자가 없이 성부가 될 수 없고, 성자도 성부가 없이는 성자가 될 수 없습니다. 그러나 삼신론(tritheism)이라는 극단의 반대, 즉 셋으로 분리된 신은 받아들여질 수 없습니다. 지나치게 느슨하고 지나치게 통합되지 않은 설명, 신의 세상 관리에 대해 지나친 '사회적' 모델은 신의 일치성을 부정합니다. 신의 일치성 역시 그리스도교 신앙의 핵심으로 남아 있습니다. 이렇게 거부된 두 가지의 극단 사이에 중도의 길을 찾는 과제는 쉬운 일이 아닙니다.

문제를 해결하려고 고심한 시도의 결과, 고도로 전문화되고 알기 힘든 신학적 언어가 개발되었습니다. 특히 그리스의 교부들 가운데 그런 일이 생겼습니다. 그리스 교부는 상당히 저급하다고 생각하는 라틴어보다 그리스어의 언어적 자원들이 우월하다고 여겼습니다. 어느 공동체도 한 위격을 현대적 개념의 자율적 개인으로 생각하지 않았을 것입니다. 그래서 '한분의 신 안에 세 위격(Three Persons in

One God)'같은 논리식이 현대의 독자들에게 삼신론을 가져오지는 않습니다. 신의 세 위격은 사랑의 주고받음 속에서 서로에게 침투합니다('페리코레시스(*perichoresis*)'라고 불리는 신학적 구상). 이 개념은 구별된 세 사람의 경우와 어떠한 유사함도 없다는 것이었습니다. 교부들이 의존했던 미묘한 구분이 가지는 특징은 '하나의 우시아(*ousia* 본질) 내의 세 휘포스타시드(*hypostasis* 위격)'라고 말했던 것에 주목하면 알 수 있습니다. 4세기에 삼위일체의 다듬기 작업이 공식화될 때까지는, 휘포스타시스와 우시아가 그리스어에서 동의어로 간주되었습니다. '하나의 본질 속 세 위격'이라는 주요 어구에 대한 영어 번역 'three subsistences in one substance'를 생각해보면, 이러한 논의가 가지는 미세한 특성에 대해 어떤 느낌을 가질 수 있습니다.

교부들은 예민한 세부사항들을 풍부한 창의력으로 공들여 작업하는 데 지나친 비밀을 때때로 지녔던 것 같습니다. 예를 들면, 성부와의 관계성을 표현하면서 성자와 성령 사이의 구분을 낳음(begetting)과 발출(procession)이라는 이해하기 어려운 구별에 의존했습니다. 아마도 이러한 종류의 창의적이고 공을 들였던 개념적 구성과 가장 가까운 물리학적 유사관계는 M이론이 가지는 화려한 바로크 형식과 부분적으로 이어진 11차원의 구조가 될 것입니다. 이

구조는 끈이론을 위해서 추론하는 이론적 토대입니다. 일반적으로 말하자면, 충분히 논리정연한 이론적 이해를 획득하는 일에 과학이 더 성공적이었음이 증명되었다고 재차 고백해야 합니다. 신학자가 말하고자 애쓰는 신비롭고 무한성을 가진 실재에 비추어 볼 때, 이러한 판단은 놀라운 것이 아닙니다.

삼위일체를 믿는 신학자는, 비록 그들이 어떻게 그러한 사건이 가능한지 완전하게 설명을 할 수 없다고 하더라도, 참다운 한 신의 삼위일체적 특성을 긍정하는 주장을 해야 합니다. 한 번 더 말하지만, 단지 원동력이 되는 경험을 무시하거나 부인하는 것으로 패러독스의 위협을 다룰 수 없습니다. 신에 관해 삼위일체적 이해를 견지하면서, 병행하는 생각을 보고 신학자의 믿음이 어느 정도 지지를 받는다는 사실로 인해 신학자가 용기를 낼 수 있습니다. 삼위일체의 생각에 관한 영향력 있는 현대의 저서 제목은 『교제로서의 존재』(Being as Communion)입니다.[57] 표현을 바꾸어 본다면 이 제목은 '실재는 관계적이다(Reality is relational)'라고 할 수 있을 것입니다. 틀림없이 물리적 우주의 관계적 특성에 관해 증가하는 과학적 인식과 조화를 이루는 통찰입니다. 재래의 원자론(atomism)은 공간이라는 비어있는 그릇 속에 소리를 내며 움직이는 고립된 입자를 묘사합니다. 이미 이 원자론은 공간과 시간과 물질에 대한 일반상대성의 통합된 설명으로 대체되었습니다. 일반상대성이론에서 공간과 시간과 물질이 일괄하는 종합 내에서 통합된 것으로 이해되었습니다. 양자이론은 이전에 서로 상호작용했던 (원자보다 작은 수준의) 입자 사이에 놀라운 형태의 얽힘(entanglement)이 있음을 세상에 드러냈습니다(EPR 효과). 이것은 공간적으로 아무리 멀리 떨어져 있다고 할지라도 입자들이 단일한 시스템으로 유지된다는 것을 함의합니다. 곧 분리 속의 공존(togetherness-in-separation), 즉 직관에 반하는 개념이 바로 자연의 한 속성이라는 것이 실험으로 충분히 확인되었습니다.[58] 물리적 세계는 더욱더 삼위일체의 신이 맞춤으로 창조한 우주인 듯이 보입니다. 유일한 신의 가장 심오한 실재는 관계적입니다.[59]

마지막으로, 사랑의 상호 주고받음 속에서 영원히 하나인(유일한 신의 페리코레시스(*perichoresis*)의 과정) 세 위격에 대한 묘사는 '신은 사랑'(요한일서 4:8)이라는 그리스도교의 근원적 확신이 지니고 있는 의미에 심오한 통찰을 주었습니다. 이러한 생각에 영감을 받아, 최근 삼위일체의 생각에 대해 적극적 관심을 되살려주는 작업이 일어나고 있습니다. 저는 진정한 '만물의 이론(Theory of Everything)'은 초끈이론이 아니라, 실제로 삼위일체신학이라고 믿습니다.

제5장

친가족

제5장
친가족

과학과 신학이 사용하는 진리 추구의 전략을 자세히 검토하면서, 표면적으로는 다른 형태의 두 합리적 연구 사이에 중요한 근거가 되는 유사성이 드러났습니다. 과학과 신학은 각각 실재의 특정 양상에 관심을 가집니다. 비교해부학자들이 다양한 형태의 생물 사이에 상동관계(homology)를 발견할 때, 생물학에서도 어느 정도 유사한 일이 일어납니다. 그때 생물학자는 일반적으로 그들이 발견했던 관계성에 대해 두 가지 가능한 설명 가운데 하나에 도움을 청합니다.

정통 다윈주의의 생각은 과거의 공통 기원에서 그 유사성을 추정합니다. 현대의 두 가지 종이 원시 조상에서 후에 분화되었다는 것입니다. 의심의 여지 없이 이것은 실제로 자주 일어나는 일이지만, 이론생물학자와 고생물학자 사이에서 두 번째 형태의 설명에 관해 관심이 커지고 있습니다. 이 제안은 생물학적 개체의 조직화가 복잡해질 때, 특정 종류의 구조가 우선 창발한다는 것입니다. 그 첫 번째 이유는 복잡시스템(complex system)의 본질적 자기조직화 속성에서 찾을 수 있습니다. 이러한 구상은 특히 카우프만(Stuart Kauffman)이 발전시켰습니다.[60]

두 번째 이유는 탐색된 '가능성 세계(possibility world)'가 흔히 생각하는 것보다 더 제한적일 수 있다는 것입니다. 왜냐하면 진화적으로 유리하고 쉽게 생물학적으로 접근할 수 있는 기본 구조는 제한되어 있기 때문입니다. 지상 생물의 역사가 이러한 생각을 어느 정도 지원합니다. 눈(eyes)은 그러한 역사와는 별개로 몇 차례에 걸쳐 세부적으로 분명히 다른 방식으로 발달했다고 알려져 있습니다만, 눈의 기본 구조에 상동관계가 있다는 면도 명확히 나타납니다. 예를 들면, 모든 눈은 로돕신(rhodopsin)과 크리스탈린(crystallins)과 같은 유사 단백질을 사용하고, 두족류와 포유류는 모두 카메라 같은 눈을 가지고 있습니다. 이것은 성공적 전략을 반복하도록 강제합니다. 또한 제한된 영역의 생물학적 가능성을 지원하는 것처럼 보입니다.

모리스(Simon Conway Morris)는 생물학적 과정의 이러한 수렴적 양상에 관해 광범위하게 저술했는데, 생존하는 생명의 형태 문제에 관해 같은 종류의 해법이 자주 되풀이 된다는 것입니다. 우주의 다른 곳에 생명체가 존재한다면, 그 본성은 많은 사람들이 가정하는 것 이상으로 지상의 생명체와 유사할 가능성이 있음을 제시하기도 합니다.[61] 생명의 명백한 발연적 다양성(contingent diversity) 아래에, 효과적 가능성을 형성하는 보편 법칙의 심층적 하위구조가 있다고 믿게 됩니다.

생물학적 접근방식과 유사한 방식으로 과학과 신학의 합리적 절차들 사이의 친가족 관계를 설명할 수 있을까요? 역사적으로 종교가 과학이 탄생할 수 있는 지적 모체를 제공했기 때문에, 저는 공통조상에 대한 호소가 현대 과학이 종교에 우호적 감사의 관계를 빚지고 있다는 (상당히 자주 제기되는) 주장에 상응한다고 생각합니다.[62] 이 주장을 지원하는 논증은 다음과 같습니다. 아브라함의 신앙이 선언하는 창조 교리는 창조주의 마음과 목적을 표현하는 세계 안에 깊은 질서가 존재한다는 희망을 갖도록 권장합니다. 창조 교리는 이러한 질서의 특성이 미리 존재하는 어떤 설계도에 의해 사전에 결정된 것이 아니기 때문에 신이 자유롭게 선택한 것임을 주장합니다. (예를 들어, 플라톤의 생각은 그러한 설계도를 가정했습니다.) 결론적으로, 마치 창조주가 지켜야 하는 합리적 제약에 관한 순수 인식의 영역을 인간 스스로 탐색할 수 있는 것처럼, 우주 질서의 본질을 단지 생각만으로는 발견할 수 없습니다. 하지만 세계의 패턴은 신이 실제로 어떤 형식을 취했는지 결정하는 데 필요한 관찰과 실험을 통해 식별되었습니다. 그러므로 과학의 성공을 위해 필요한 것은 질서에 대한 '수학적 표현'과 자연의 실제 속성에 대한 '실험적 연구'의 결합입니다.

갈릴레오(Galileo)는 위대한 기술과 그 결과를 통해 방법론적 종합을 개척했습니다. 이론과 실험의 결합이 17세기에 현대 과학을 발전시켰고, 우주에 자유가 있으나 신의 질서정연한 창조라고 해석하는 견해에서 논리적으로 도출된 사상의 도움을 받았습니다. 게다가 세계는 신의 창조 작품이기 때문에, 종교적으로 신실한 사람이 그 세계를 연구한다는 것은 잘 어울리는 의무였습니다. 초기의 과학에 종교의 긍정적 영향력이 있었다는 주장을 지지하는 입장에서 보면, 정말로 과학혁명의 선구자가 대부분 종교적 확신을 가졌던 인물이었다는 사실을 알 수 있습니다. 물론 그들 중 갈릴레오는 종교 당국과 문제가 있었고, 뉴턴(Newton)은 그리스도교 정통교리와 갈등을 빚기도 했었습니다. 당시의 과학자는 다음과 같이 말하기를 좋아했습니다.

> 신은 두 권의 책을 쓰셨다. 그것은 성서라는 책(the Book of Scripture)과 자연이라는 책(the Book of Nature)이다.

두 권 모두 읽을 필요가 있고, 올바르게 읽을 때, 두 책 사이에 모순은 없습니다. 왜냐하면 동일 저자가 그 두 책을 썼기 때문입니다. 과학과 종교 사이에 실제 갈등이 있다는 제안이 선구적 인물에게는 참 이상하게 여겨졌을 것입니다. 이러한 점에서 보면, 현대 과학과 현대 신학의 '원시 조상'은 그리스도교의 지식과 통찰이라는 의미로 이해되는 중세의 '스키엔티아'(*scientia*)였습니다.

실재에 대한 두 형식의 통찰 사이에 중요한 분리가 시작된 것은 18세기 중반이었습니다. 과학자가 기계론적 논증의 명시적 성공에 푹 빠져있을 시기였습니다. 일부 과학자는 알아야 할 가치가 있거나, 심지어 알게 될 가능성이 있는 모든 지식을 산출하는 데 과학적 방법 자체로 충분하다는 승자의 주장을 하기 시작했습니다. 다수의 과학자는 갈릴레이가 했던 방식처럼 교회의 리더십과 더 이상 상호작용을 하지 않았습니다. 왜냐하면, 과학자들이 마치 진정한 이해를 위한 탐구와는 전혀 무관한 것처럼 신학적 통찰을 취급했기 때문입니다. 그러나 모든 과학자가 종교적 신앙을 포기한 것은 결코 아니었습니다. 가령, 패러데이(Michael Faraday), 맥스웰(James Clerk Maxwell), 그리고 켈빈(Lord Kelvin), 19세기 물리학의 가장 탁월한 세 인물은 모두 독실한 그리스도인이었습니다.

생물학적 상동관계를 위한 두 번째 설명은 깊은 바탕을 이루는 형식의 개념에 호소하는 것입니다. 그 형식의 보편적인 패턴은 효과적 발전의 길을 형성하고 활성화합니다. 이러한 구상의 신학적 상대는 신의 말씀이 창조의 합리적 질서의 근본적 근원이라는 의미로서의 '로고스'(*logos*) 교리가 될 것입니다. 요한복음서에서 신의 말씀을 '모든 것이 그(로고스)로 말미암아 창조되었으니'(요한복음서 1:3), 로고스는 육신이 되신 그리스도(요한복음서 1:14)라고 설명하고 있습니다. 골로새서는 '만물이 그분(로고스) 안에서 창조되었습니다. 하늘에 있는 것들과 땅에 있는 것들… 모든 것이 그분(로고스)으로 말미암아 창조되었고'(골로새서 1:16-17)라고 설명하고 있습니다. 로고스 교리는 모든 사람을 비추는 신의 말씀을 말하고 있는데(요한복음서 1:9), 비판적 실재론(critical realism)의 개념에 관해 신학적 도움을 받을 수 있는 통찰입니다.

이러한 주장은 다음을 함의합니다. 진리 추구의 노력 사이에 존재하는 다른 형태의 친가족 관계가 궁극적으로는 우주가 진정한 코스모스로서 창조되었다는 사실에서 도출됩니다. 우주는 통합된 세계입니다. 우주의 심오한 이해가능성과 무모순성은 창조된 실재의 전모를 그대로 존재하게 하는 신의 말씀의 현현입니다. 창세기 1장의 다음과 같은 표현을 보십시오. '신께서 말씀하시기를 '~ 있으라 하시니…''. 이것이 논리적으로 함의하는 바는 진리의 신을 섬기고자 하는 종교적 인간이라면 두려워함이나 주저함이 없이 출처가 무엇이든 모든 진리를 환영해야 한다는 것입니다. 이러한 열린 포용성 속에 소속된다면, 그것은 확실히 과학의 진리입니다. 과학자의 경우 그 통찰이 함의하는 바가 있습니다. 과학자가 철두철미하게 이해를 위한 탐구를 추구하기 원한다면, 가장 넓고 깊은 이해가능성의 컨텍스트를 찾아서 과학 자체의 한계를 넘어설 준비를 해야 합니다. 여기에서 탐구란 말은 과학자가 착수하기에 가장 자연스러운 탐구를 뜻합니다. 향후 이러한 탐구가 개방적으로 추구되면, 그 탐구는 탐구자를 종교적 신앙의 방향으로 이끌 것이라고 저는 생각합니다. 그것은 '로고스'에 대한 탐구입니다. 결론적으로, 진정한 만물의 이론이 삼위일체신학이라는 견지에서, 우리가 이 책에서 고찰했던 친가족 관계가 가장 심오한 이해를 궁극적으로 찾아낸다고 저는 믿습니다.

주

1. 과학자이자 신학자인 이안 바버(Ian Barbour), 아서 피코크(Arthur Peacocke), 존 폴킹혼(John Polkinghorne)의 작업을 살펴보기 위해서는 다음을 보라. J. C. Polkinghorne, *Scientists as Theologians*, SPCK, 1996.

2. J. C. Polkinghorne, *Belief in God in an Age of Science*, Yale University Press, 1998, 2장.

3. 이 기간의 기록을 위해서는 다음을 참조하라. J. C. Polkinghorne, *Rochester Roundabout*, Longman/W. H. Freeman, 1989.

4. K. Popper, *The Logic of Scientific Discovery*, Hutchinson, 1959.

5. 비판적 실재론에 관하여 더 많은 것을 다루기 위해서는 다음을 참조하라. J. C. Polkinghorne, *One World*, SPCK/Princeton University Press, 1986, 1-3장; *Reason and Reality*, SPCK/Trinity Press International, 1991, 1장과 2장; *Beyond Science*, Cambridge University Press, 1996, 2장; *Belief in God in an Age of Science*, Yale University Press, 1998, 2장과 5장.

6. M. Polanyi, *Personal Knowledge*, Routledge and Kegan Paul, 1958, pp.vii- viii.

7. Polkinghorne, *Belief in God*, 1장.

8. 성서에 관하여 자세히 보기 위해서는, Polkinghorne, *Reason and Reality*의 5장과 *Science and Trinity*(SPCK/Yale University Press, 2004)의 2장을 보라.

9. 신앙간 문제에 관한 더 자세한 내용은 다음을 보라. K. Ward, *Religion and Revelation,* Oxford University Press, 1994, *Religion and Creation,* Oxford University Press, 1996, *Religion and Human Nature,* Oxford University Press, 1998, *Religion and Community,*

Oxford University Press, 2000; J. C. Polkinghorne, *Science and Christian Belief/The Faith of a Physicist,* SPCK/ Fortress, 1994/1996의 제10장.

10. Polkinghorne, *Belief in God*, 제2장.

11. 양자이론에 관한 입문을 위해서는 다음을 보라. J. C. Polkinghorne, *Quantum Theory: A Very Short Introduction*, Oxford University Press, 2002.

12. R. Feynman, *The Feynman Lectures on Physics*, vol. 3, Addison-Wesley, 1965, p.7.

13. J. Moltmann, *The Crucified God*, SCM Press, 1974.

14. 이러한 논조로 그리스도교의 니케아 신앙을 다룬 것은 다음을 참조하라. Polkinghorne, *Science and Christian Belief/Faith of a Physicist.*

15. A. Pais, *Subtle Is the Lord*…, Oxford University Press, 1982, pp.250-57.

16. 방대한 문헌에 대한 소개를 위해서는 G. Stanton, *The Gospels and Jesus*, Oxford University Press, 1989; G Theissen and A. Metz, *The Historical Jesus*, SCM Press, 1998.을 보라.

17. J. C. Polkinghorne, *Exploring Reality*, Yale University Press, 2005, 4장을 보라.

18. N. T. Wright, *The Resurrection of the Son of God*, SPCK, 2003, p.587.

19. 마태복음서 28:17; 누가복음서 24:15-16; 요한복음서 20:15; 21:4.

20. Wright, *Resurrection*, p.599.

21. Wright, *Resurrection*, p.600.

22. Wright, *Resurrection*, p.602.

23. V. Taylor, *The Formation of the Gospel Tradition* (2nd edition), Macmillan, 1953, p.59-62.

24. Wright, *Resurrection*, p.680.

25. 마태복음서 28:5; 마가복음서 16:8; 누가복음서 24:5; 요한복음서 20:11.

26. Wright, *Resurrection*, p.707.

27. T. Kuhn, *The Structure of Scientific Revolutions* (2nd edition), University of Chicago Press, 1970.

28. 'abba'가 반드시 친밀함을 내포할 필요가 없다는 학문적인 논쟁이 있으나, 마가복음서(로마서 8:15과 갈라디아서 4:6)에서 나타나는 것을 보면 그리스어 성서 내에서 매우 희귀한 삽입으로서 그 용어가 이러한 문맥에서 특별히 친밀함을 나타내는 의미를 전달해 주는 것임을 강하게 암시한다.

29. C. F. D. Moule, *The Origins of Christology*, Cambridge University Press, 1977, pp.34-35.

30. 충분한 논의를 위해서는 J. C. Polkinghorne, *Science and Christian Belief/The Faith of a Physicist*, SPCK/Fortress, 1994/1996, pp.98-100.

31. 퀴리오스(Kyrios)라는 단어는 'sir'라는 영어의 용법과 다소 유사한 일상적 의미를 가지고 있었다. 그러나 선포되는 칭호로서의 사용은 분명 다른 문제이다.

32. R. E. Brown, *An Introduction to New Testament Christology*, Geoffrey Chapman, 1994, p.98.

33. 본래 독일어판의 제목은 라이마루스에서 브레데까지(From Reimarus to Wrede)였다. 빌헬름 브레데(Wilhelm Wrede)는 신약성서학자였는데 그의 책은 이른바 마가복음서의 '메시아 비밀(Messianic secret)'에 관한 것이었다(1901). 메시아 비밀은 예수가 그 자신을 메시아로 믿지 않았다는 주장을 담고 있다.

34. 나의 설명을 보기 위해서는 다음을 참조하라. Polkinghorne, *Science and Christian Belief/Faith of a Physicist*, 제5장; *Exploring Reality*, SPCK/Yale University Press, 2005, 제4장.

35. J. C. Polkinghorne, *Quantum Theory: A Very Short Introduction*, Oxford University Press, 2002, pp.44-56을 참조하라.

36. 악의 문제에 관하여 더 많은 논의를 위해서는 다음을 참조하라. Polkinghorne, *Exploring Reality*, 8장.

37. 그리스도론에 관한 개론을 위해서는 다음을 참조하라. R. E. Brown, *An Introduction to New Testament Christology*, Geoffrey Chapman, 1994; G. O'Collins, *Christology*, Oxford University Press, 1995.

38. O'Collins, *Christology*, p.16.

39. O'Collins, *Christology*, pp.71-72.

40. J. A. T. Robinson, *The Human Face of God*, SCM Press, 1972, p.97.

41. O'Collins, *Christology*, p.45.

42. D. M. Baillie, *God Was in Christ, Faber*, 1961, p.63에서 인용함.

43. 예를 들면, J. Knox, *The Humanity and Divinity of Christ*, Cambridge University Press, 1967.

44. O'Collins, *Christology,* p.155에서 인용.

45. Knox, *Humanity and Divinity of Christ*, pp.52, 92.

46. *Ibid.*, p.viii.

47. P. Fiddes, *The Creative Suffering of God*, Oxford University Press, 1988.

48. O'Collins, *Christology*, p.194.

49. W. Temple, *Christian Veritas, Macmillan*, 1924, p.139.

50. Baillie, *God Was in Christ*, p.114.

51. *Ibid.*, p.117.

52. J. C. Polkinghorne, *Exploring Reality,* SPCK/Yale University Press, 2005, 10장을 참조하라.

53. J. C. Polkinghorne, *Quantum Theory: A Very Short Introduction*, Oxford University Press, 2002, p.53-55를 참조하라.

54. J. C. Polkinghorne, *Belief in God in an Age of Science,* Yale University Press, 1998, 3장.

55. Polikinghorne, *Exploring Reality,* 6장을 보라.

56. 삼위일체에 관하여 더 자세한 내용은 다음을 참조하라. J. C. Polkinghorne, *Science and the Trinity,* Yale University Press, 2004, 특히 4장을 보라. *Exploring Reality*의 5장을 보라.

57. J. Zizioulas, *Being as Communion*, St Vladimir's Seminary Press, 1985.

58. Polkinghorne, *Quantum Theory*, 5장을 참조하라.

59. Polkinghorne, *Science and Trinity*, 3장을 참조하라.

60. S. Kauffman, *The Origins of Order,* Oxford University Press, 1993; S. Kauffman, *At Home in the Universe*, Oxford University Press, 1995.

61. S. Conway Morris, *The Crucible of Creation,* Oxford University Press, 1998; S. Conway Morris, *Life's Solution*, Cambridge University Press, 2003.

62. R. Hooykaas, *Religion and the Rise of Modern Science,* Scottish Academic Press, 1973; D. Jaki, *The Road of Science and the Ways to God,* Scottish Academic Press, 1978; C. A. Russell, *Cross-Currents*, Inter-Varsity Press, 1985.

찾아보기(Index)

ㅈ

ㅊ

ㅋ

ㅌ

ㅍ

ㅎ

E

폴킹혼의 양자물리학과 신학: 뜻밖의 인연

지은이 존 폴킹혼
옮긴이 현우식
펴낸곳 동방박사
주 소 서울특별시 종로구 종로19 르메이에르 1719호
전화팩스 02-733-7742
등 록 제2021-000145호
인 쇄 네오프린텍(주)

초판 인쇄 2022년 6월 22일
초판 발행 2022년 6월 29일

ISBN 979-11-975171-9-8 03420

값 18,000원